园 冶

（明）计 成 著
嘉 非 编著

全国百佳图书出版单位
时代出版传媒股份有限公司
黄 山 书 社

图书在版编目(CIP)数据

园冶 / （明）计成著；嘉非编著. — 合肥：黄山书社，2015.7
（古典新读·第1辑，中国古代的生活格调）
ISBN 978-7-5461-5186-1

Ⅰ. ①园… Ⅱ. ①计…②嘉… Ⅲ. ①古典园林－造园林－研究－中国－明代
Ⅳ. ①TU986.2②TU-098.42

中国版本图书馆CIP数据核字（2015）第175494号

园冶
YUAN YE
（明）计成 著　嘉非 编著

出品人　任耕耘
总策划　任耕耘　蒋一谈
执行策划　马　磊
项目总监　高　杨　钟　鸣
内容总监　毛白鸽
编辑统筹　张月阳　王　新
责任编辑　熊裕娟
图文编辑　王　屏
装帧设计　李　娜　李　晶
图片统筹　DuTo Time
出版发行　时代出版传媒股份有限公司（http://www.press-mart.com）
　　　　　黄山书社（http://www.hspress.cn）
地址邮编　安徽省合肥市蜀山区翡翠路1118号出版传媒广场7层 230071
印　　刷　安徽联众印刷有限公司
版　　次　2016年3月第1版
印　　次　2016年3月第1次印刷
开　　本　710mm × 875mm　1/32
字　　数　188千
印　　张　7.75
书　　号　ISBN 978-7-5461-5186-1
定　　价　26.00元

服务热线　0551-63533706
销售热线　0551-63533761
官方直营书店（http://hsssbook.taobao.com）

前言

《园冶》是明末造园家计成写成的造园专著。计成之所以著书立说，本是为了传授给儿子一技之长以谋生，但这无心之举成就了中国第一本园林艺术理论专著，也是迄今为止唯一一部传于世的古代园林著作。

计成（1582—？）是松陵（今江苏吴江）人，字无否，号否道人。他擅长诗文绘画，年轻时曾游历河北、湖北、湖南、山东、安徽等地，饱览各地风光。中年时他回到江苏，定居镇江。在此期间，一个偶然的机会，计成为人叠了一座峭壁山，获得很高的赞誉，之后就逐渐开始有人请他来设计建造自家花园。计成在为汪士衡建造寤园的间隙，写出了《园冶》。

《园治》全面总结了中国古代造园理念，提出了“巧于因借，精在体宜”的基本原则，详细而全面地介绍了营造文人园林的各方面内容。全书共三卷，分为兴造论、园说、相地、立基、屋宇、装折、门窗、墙垣、铺地、掇山、选石和借景等十二个篇章，理论精辟，内容翔实，是计成多年造园经验总结与对园林艺术独创见解的经典结合，具有很大的科学价值和艺术价值。

《园治》一书在论述中，多采用“骈四俪六”的骈体文形式，夹杂丰富的典故和专业术语，在阅读上存在一定难度。故此书在前人的潜心研究和科学注释的基础上，跟随着三百多年前计成的思路与理论框架，走进古典园林的美丽世界，用通俗的语言作为引路者，将计成的精辟论述和独特见解进行总结概括，并试图结合当时的历史社会文化背景、造林实例加以解析，以浅显易懂的方式带领读者们学习、研究计成的“园林世界”。

目录

冶叙

余少负向禽志[1]，苦为小草所绁[2]。幸见放[3]，谓此志可遂。适四方多故，而又不能违两尊人菽水[4]，以从事逍遥游[5]；将鸡埘、豚栅、歌戚而聚国族[6]焉已乎？銮江[7]地近，偶问一艇于寤园[8]柳淀间，寓信宿，夷然乐之。乐其取佳丘壑，置诸篱落许；北垞[9]南陔[10]，可无易地，将嗤彼云装烟驾者汗漫[11]耳！兹土有园，园有冶，冶之者松陵[12]计无否[13]，而题之冶者，吾友姑孰[14]曹元甫[15]也。无否人最质直，臆绝灵奇，侬气客习，对之而尽。所为诗画，甚如其人，宜乎元甫深嗜之。予因剪蓬蒿瓯脱[16]，资营拳勺[17]，读书鼓琴其中。胜日，鸠杖板舆[18]，仙仙于止。予则五色衣[19]，歌《紫芝曲》[20]，进兕觥[21]为寿，忻然将终其身，甚哉，计子之能乐吾志也，亦引满以酌计子。于歌余月出，庭峰悄然时，以质元甫，元甫岂能已于言？

崇祯甲戌清和㉒届期，园列敷荣，好鸟如友，遂援笔其下。

石巢 阮大铖

【注释】

①向禽：指汉代隐士向长平和禽庆。据《后汉书》载，此二人隐居不仕，同游五岳名山，不知所终。

②小草所绁（xiè）：比喻自己被官位束缚，不能去过隐居的生活。小草，中草药远志苗的别称。《世说新语·排调》："处则为远志，出则为小草。"绁，绳索，引申为束缚之意。

③见放：即放逐。阮大铖于明崇祯二年（1629年）因附逆魏忠贤阉党被朝廷削职为民，这里是阮氏自比被朝廷放逐的忠臣。

④尊人菽（shū）水：侍奉父母。尊人，指父母长辈。菽水，指侍奉赡养。

⑤逍遥游：无拘无束地四处漫游。语自《庄子·逍遥游》。

⑥国族：宗族和宾客。语出《礼记·檀弓下》："歌于斯，哭于斯，聚国族于斯。"

⑦銮江：今江苏仪征。

⑧寤园：江苏仪征汪士衡的私家园林，由计成设计并主持建造。

⑨北垞：指庭园景物。

⑩南陔：指孝养父母。语出《诗经·小雅》。

⑪汗漫：广大，漫无边际，形容漫游之远。

⑫松陵：今江苏吴江。

⑬计无否：《园冶》作者计成，字无否，号否道人。

⑭姑孰：今安徽当涂。

⑮曹元甫：名履吉，字元甫，明代万历四十四年（1616年）进士。

⑯瓯脱：亦作"区脱"，这里指宅院周围的荒废之地。

⑰拳勺：喻指山水。明园林家文震亨《长物志》：“一峰则太华千寻，一勺则江湖万里。”

⑱鸠杖板舆：鸠杖，带有鸠鸟图案的手杖。传说鸠鸟是不噎之鸟，把鸠鸟造型刻在拐杖上，寓意祝福老人健康长寿。板舆，亦称步舆，指古代人力扛抬的小型平板车。

⑲五色衣：相传春秋时期隐士老莱子年近七十，常穿五彩斑斓的衣服，扮婴儿状取悦双亲，以示孝顺。

⑳《紫芝曲》：传为秦朝末年，由隐居在商山的名为“商山四皓”所作。故也泛指隐逸避世的歌或词。

㉑兕觥：商周时期的酒器，腹呈椭圆形或方形，圈足或四足，有流和鋬。盖一般成带角兽头形。后亦泛指酒器。

㉒清和：古代农历四月为清和。

【解读】

本文是阮大铖为计成的《园冶》所作的序文。

阮大铖（1587—1646），字集之，号圆海，明末清初的戏曲家和政治人物。他踏入仕途后先依东林党，后依魏忠贤阉党，在崇祯朝以附逆罪被罢官为民。北京被李自成攻陷后，他依附南明朝廷权臣马士英，参与迫害复社和东林党人，南明覆亡后又投降清军。他品格低下，毫无气节，多为士林所摈斥。

不过，阮大铖在文学戏曲方面的造诣以及对园林的鉴赏水平却很高，在家乡怀宁（今安徽安庆）时，他就曾建造石巢园。1635年，阮大铖迁居南京，又建造了傲园，后也被称为石巢园。阮大铖在叙文中说，一次偶然的机会，他得以在江苏仪征的寤园中住了两晚，园内的景色令他流连忘返。寤园的规划设计者就是《园冶》的作者计成。为《园冶》题词的曹元甫是阮大铖的朋友，同时也和计成相交甚密。计成为人质朴爽直，颖悟灵秀，难怪曹元甫如此欣赏这位朋友。

阮大铖在叙文中所流露出的隐逸山林的志趣，以及对山水园林

《东园图卷》【局部】文徵明（明）

东园位于南京钟山东凤凰台下，原是明代中山王徐达的赐园，其后人加以扩建后，更名“东园”。画中表现了文人名士在东园雅聚的情景，园内叠石环列，花草葱茏，亭台错落，体现出当时私家园林的造园特色。

的钟情，是有着时代背景的。

明代中后期，江南地区造园极为兴盛，与当时的社会、经济有着密切的关系。一方面江南地区商品经济日益发展，人们的生活水平和文化意识有所提高；另一方面当时的政局动荡、社会黑暗，许多读书人选择息政退隐，并把园林当作归隐的理想场所。许多官宦巨贾在苏州、扬州、无锡、上海、杭州等地大兴土木、构筑园林，用作退养之所。如苏州的拙政园、网师园、狮子林、退思园、沧浪亭、环秀山庄、留园，扬州的个园、片石山房、寄啸山庄，以及无锡的寄畅园、上海的豫园、杭州的郭庄等，都是江南私家园林的典范之作。

江南园林多选择风景优美的僻静之地，模仿自然山水的意境造园，融汇了居住与休闲娱乐等诸多功能，不仅展现了造园者的技艺

拙政园松风水阁

和才情，也体现了园主的人文理想、生活意识和审美观念。江南园林是中国哲学思想的最高体现，道法自然、天人合一等观点，以及《论语》中“仁者乐山，知者乐水”的山水情怀，都在园林中得以实现。江南园林借助亭台楼阁、廊桥轩榭、门窗墙垣、山石花草等，在有限的空间里，营造了集安居、游览、观赏、思悟为一体的隐逸空间。

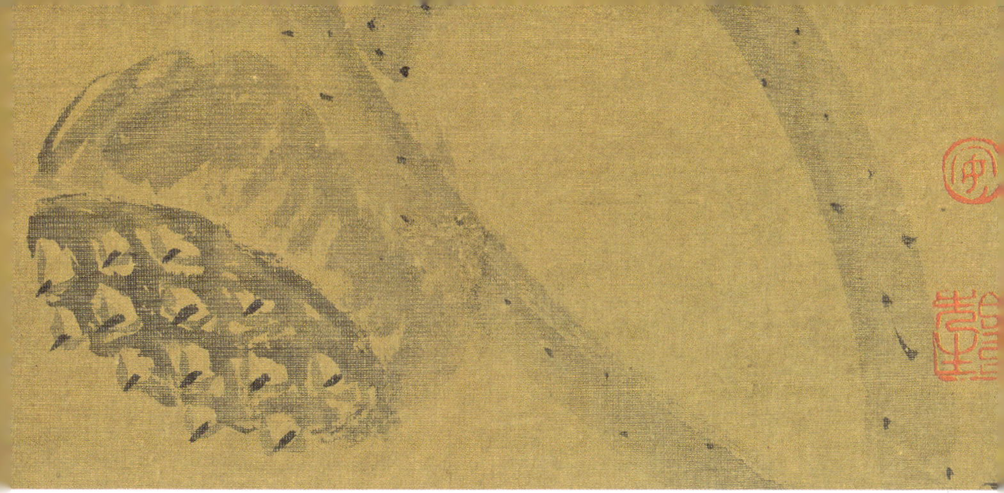

题词

古人百艺，皆传之于书，独无传造园者何？曰：“园有异宜①，无成法，不可得而传也。”异宜奈何？简文②之贵也，则华林；季伦③之富也，则金谷；仲子④之贫也，则止于陵片畦。此人之有异宜，贵贱贫富，勿容倒置者也。若本无崇山茂林之幽，而徒假其曲水⑤；绝少鹿柴文杏之胜，而冒托于辋川⑥，不如嫫母⑦傅粉涂朱，只益之陋乎？此又地有异宜，所当审者。是惟主人胸有丘壑，则工丽可，简率亦可。否则强为造作，仅一委之工师、陶氏，水不得潆带之情，山不领回接之势，草木不适掩映之容，安能日涉成趣⑧哉？所苦者，主人有丘壑矣，而意不能喻之工，工人能守不能创，拘牵绳墨，以屈主人，不得不尽贬其丘壑以徇，岂不大可惜乎？此计无否之变化，从心不从法，为不可及，而更能指挥运斤，使顽者巧、滞者通，尤足快也。予与无否交最久，常以剩山残水，不足穷其底蕴，妄欲罗十岳⑨为一区，驱五丁⑩为众役，悉致琪华、瑶草、古木、仙禽，供其点缀，使大地焕然改观，是亦快事，恨无此大主人耳！然则无否能大而不能小乎？是又不然。所谓地与人俱有异宜，善于用因，莫无否若也。即予卜筑城南，芦汀柳岸之间，仅广十笏⑪，经无否略为区画，别现灵幽。予自负少解结构，质之无否，愧如拙鸠⑫。宇内不少名流韵士，小筑卧游⑬，何可不问途无否？但恐未能分身四应，庶几以《园冶》一编代之。然予终恨无否之智巧不可传，而所传者只其成法，犹之乎未传也。但变而通，通已有其本，则无传，终不如有传之足述。今日之“国能⑭”，即他日之“规矩”，安知不与《考工记》⑮并为脍炙乎？

崇祯乙亥午月朔，友弟郑元勋⑯书于影园。

【注释】

①异宜：不同条件下营造的园林各具特色。

②简文：南朝梁简文帝萧纲（503—551），才情过人，善诗赋，为宫体诗的倡导者。据《世说新语 · 言语》记载：“简文入华林园，

顾谓左右曰：‘会心处不必在远，翳然林水，便自有濠濮间想也，觉鸟兽禽鱼自来亲人。’”

③季伦：石崇（249—300），字季伦，西晋时期的富豪，曾任荆州刺史，以劫夺商旅而积财无数。他在河南洛阳建造金谷园，园中有清泉茂林、游鱼仙禽、楼阁亭台。

④仲子：陈仲，战国时期齐国贵族，后隐居山东长山，刻意过着安贫乐道的廉士生活。孟子批评他是无益于世的士子。

⑤曲水：曲水流觞是古代的一种饮宴风俗。文中指代山水名胜。

⑥绝少鹿柴文杏之胜，而冒托于辋川：鹿柴，本义是用削尖的树枝扎制的篱落，因形如鹿角，故名。文杏：本义是杏树的一种，指代佳木。辋川：唐代诗人王维在陕西蓝田辋川建造的别业，山环水绕，风景优美。鹿柴和文杏在此处都是指辋川别墅中的胜景。

⑦嫫母：相传为古代黄帝的第四个妃子，相貌奇丑无比，但非常贤惠。

⑧日涉成趣：形容园林生活的乐趣。

⑨十岳：泛指天下名山。

⑩五丁：古代传说中的五位大力士。

⑪十笏：笏，俗称“朝板”，是古代大臣上朝时手持的板子，常以玉石、象牙或竹木制成，形状窄长，长度约为一尺。文中用来形容空间狭小。

⑫拙鸠：笨拙的鸠鸟。文中是作者自谦之语。

⑬卧游：原指欣赏山水画卷。文中延伸为叠山筑园，在园林中居住、游玩，作卧游之乐。

⑭国能：闻名于世的技能。

⑮《考工记》：春秋时期记述官营手工业的专著，后补入《周礼》。

⑯郑元勋：字超宗，号惠东，安徽歙县人。明崇祯十六年（1643年）进士，工诗善画，为江东名流，有诗文集《媚幽阁文娱》。他在江苏扬州建造影园，园子由计成设计、监造。

【解读】

本文是郑元勋为计成的《园冶》一书所作的“题词”。他对计成高超的造园技艺给予了非常高的评价，并把《园冶》看作与《考工记》齐名的经典之作。

《园冶》是第一部关于园林营造的专业图书，在中国造园史

《辋川图》王维（唐）

上有着举足轻重的地位。正如文中郑元勋发出的疑问：古人的各种技艺都有专著流传后世，为什么在《园冶》之前，偏偏没有关于传授造园技艺的专著呢？究其原因，一是造园因人而异、因地制宜，没有一定的成法可以遵循；二是明代中后期之前，园林尚未在民间普及，从事造园业的专业人才较少，而且工匠们的艺术水平有限，只能墨守成规而不知创新变化，更谈不上主动探索、总结园林建造的自身规律。三是有创意和构想的文人却不能亲力亲为，只好全部委托工匠。

明末，江南地区的商业日益发展，为士人提供了更多谋生的途径，为仕不成还有其他手段谋生。计成就是在这样的潮流下进入造园行业，成为有文化底蕴的匠师。计成擅长绘画，并且有着深厚的文学功底。在写作《园冶》时，计成已经是江南地区著名的造园家，造园技艺可谓炉火纯青。《园冶》的文字隽永，图样线条优美、比例协调。当时的文人士大夫竞相聘请计成造园，郑元勋的影园就是其中的代表作，建成后被公认为江南第一名园。

计成造园追求变化，掌握规律而不拘泥于成法，更能够根据实际情况随机应变。更重要的是，他擅长现场指挥施工，实践技巧非常丰富，使园林的艺术形象得到更充分的表现。《园冶》一书得到郑元勋的鼎力推荐，他希望计成的造园思想能为造园者所用，并广泛流传。

自序

不佞①少以绘名，性好搜奇，最喜关仝②、荆浩③笔意，每宗之。游燕及楚，中岁归吴（江苏），择居润州④。环润皆佳山水，润之好事者，取石巧者置竹木间为假山，予偶观之，为发一笑。或问曰：“何笑？”予曰：“世所闻有真斯有假，胡不假真山形，而假迎勾芒⑤者之拳磊乎？”或曰：“君能之乎？”遂偶为成“壁”，睹观者俱称：“俨然佳山也。”遂播名于远近。

适晋陵⑥方伯吴又于公闻而招之。公得基于城东，乃元朝温相⑦故园，仅十五亩。公示予曰：“斯十亩为宅，余五亩，可效司马温公‘独乐’⑧制。”予观其基形最高，而穷其源最深，乔木参天，虬枝拂地。予曰：“此制不第宜掇石而高，且宜搜土而下，令乔木参差山腰，蟠根嵌石，宛若画意；依水而上，构亭台错落池面，篆壑飞廊，想出意外。”落成，公喜曰：“从进而出，计步仅四百，自得谓江南之胜，惟吾独收矣。”别有小筑，片山斗室，予胸中所蕴奇，亦觉发抒略尽，益复自喜。

时汪士衡⑨中翰，延予銮江西筑，似为合志，与又于公所构，并骋南北江焉。暇草式所制，名《园牧》尔。姑孰⑩曹元甫先生游于兹，主人偕予盘桓信宿。先生称赞不已，以为荆关之绘也，何能成于笔底？予遂出其式视先生。先生曰：“斯千古未闻见者，何以云‘牧’？斯乃君之开辟，改之曰‘冶’可矣。”

时崇祯辛未之秋杪⑪，否道人⑫暇于扈冶堂⑬中题。

【注释】

①不佞：古人的自谦语，意为不才。

②关仝：五代画家，长安（今陕西西安）人，北方山水画派的创立者之一。初拜荆浩为师，工画山水，后又临摹唐画，画法精进。因善画秦岭关中山水，时称“关家山水”，与荆浩并称“荆关”。

③荆浩：字浩然，沁水（今属山西）人，五代画家，北方山水画派的创立者之一。他博通经史，长于文章。为躲避战乱，他隐居于太行山洪谷，自号“洪谷子”。他擅画山水，著有《笔法记》。

④润州：今江苏镇江。

⑤勾芒：古代神话传说中负责掌管林木的春神。
⑥晋陵：今江苏常州。
⑦温相：温国罕达，元代集庆路（今江苏南京）官员。
⑧独乐：指宋代司马光的私家园林“独乐园”。司马光（1019—1086），字君实，号迂叟，陕州夏县（今山西夏县）人，北宋政治家、史学家、文学家。他晚年反对王安石变法，隐居于河南洛阳，并建造独乐园。他逝世后被追封为温国公。
⑨汪士衡：江苏仪征人，曾担任中翰一职。中翰即内阁中书，负责记录、撰拟、翻译等。汪士衡曾邀请计成建造了寤园。
⑩姑孰：今安徽当涂县。
⑪杪：树枝的末梢。此处指年、月或季节的末尾。
⑫否道人：即计成。
⑬扈冶堂：汪士衡寤园中的建筑。

【解读】

计成在这篇自序里讲述了自己的生平经历，以及《园冶》的成书始末。计成年少时，就因善画而远近闻名，常常师法关仝、荆浩的笔意。他喜欢探究奇异，曾游历燕（今北京及河北一带）和楚（指湖南、湖北一带），开阔了视野，为日后造园、著书立说打下了基础。计成中年回到江苏润州定居。润州风景怡人，“环润皆佳山水”，而且交通便捷。他遍览润州山水，期间，看到当地人用造型奇巧的石头放置在竹子和树之间充当假山，不由感叹道：“世上有真的就有假的，为什么不去借鉴真山的形象，而偏要做成像迎接春神时堆积而成的石块呢？”由此可以看出，计成提倡的“虽由人作，宛自天开”的自然造园法则已初露端倪。当时有人不服气，反问他：“你能叠山吗？”于是计成便叠了一座峭壁山，观看的人纷纷颔首称赞。这次偶然的机遇，便使他的叠山远近闻名了。当时常州有位做过布政使的吴又于，慕名而来邀请计成到常州造园。

吴又于买的地基面积有十五亩，十亩用来建住宅，五亩用来

《匡庐图》荆浩（五代）

造园，并要求仿效宋代司马光在河南洛阳城南所筑的独乐园。计成仔细地察看了地形，发现这里地势很高，附近有水，水源还很深，四周乔木参天，虬枝拂地。他根据地理环境提出了造园构思：叠石使地势高的地方更高，挖土使洼地更深，让乔木错落分布，上下参差，好像处于山腰间，营造出一种山势；在露出地面的树根间镶嵌石头，这样就会富有山水画的意境；在依山傍水的地方建造亭台，使高低错落的建筑倒映在水中，再在水上架设廊桥飞度。用这些手法，将会得到出乎意料的意境之美。果然园林建成后，从进园到出园虽然只有四百步，却使人感到江南胜景已尽收眼底。这就是计成主持建造的第一处江南著名园林——东第园，也是他的得意之作。

另外，计成还接了一些叠山置石的小工程，虽然是片山斗室，但胸中的奇思妙想都体现在他的作品里，为创作《园冶》一书积累了丰富的素材。

其后，又有汪士衡邀计成在江苏仪征县建造园林，名为“寤园”。园林建成后颇具意趣，与东第园一起闻名于大江南北。在建造寤园期间，计成整理出文稿和图式，名为《园牧》，后听从安徽当涂曹元甫的建议，更名为《园冶》。中国第一本园林艺术理论的专著就此诞生。

卷一

兴造论

世之兴造，专主鸠匠①，独不闻三分匠、七分主人之谚乎？非主人也，能主之人也。古公输②巧，陆云③精艺，其人岂执斧斤者哉？若匠惟雕镂是巧，排架④是精，一梁一柱，定不可移，俗以“无窍之人⑤”呼之，其确也。故凡造作，必先相地立基，然后定其间进⑥，量其广狭，随曲合方，是在主者，能妙于得体合宜，未可拘率⑦。假如基地偏缺，邻嵌何必欲求其齐，其屋架何必拘三、五间，为进多少？半间一广⑧，自然雅称，斯所谓“主人之七分”也。第园筑之主，犹须什九，而用匠什一，何也？园林巧于因借⑨，精在体宜⑩，愈非匠作可为，亦非主人所能自主者，须得求人，当要节用。“因”

者：随基势之高下，体形之端正，碍木删桠，泉流石注，互相借资；宜亭斯亭，宜榭斯榭，不妨偏径，顿置婉转，斯谓“精而合宜”者也。“借”者：园虽别内外，得景则无拘远近，晴峦耸秀，绀宇⑪凌空，极目所至，俗则屏之，嘉则收之，不分町疃⑫，尽为烟景，斯所谓“巧而得体”者也。体、宜、因、借，匪得其人，兼之惜费，则前工并弃，既有后起之输、云，何传于世？予亦恐浸失其源，聊绘式于后，为好事者⑬公焉。

【注释】

①专主鸠匠：专以工匠为主。鸠匠，指工匠。

②公输：春秋时期著名的工匠公输班，因输班是鲁国人，后世多称其为鲁班。先秦墨家著作《墨子》中记载，公输班能削木成鸢，飞三日不下，还发明了木作工具，创制了攻城云梯等。后世的土木工匠们奉他为祖师爷。

③陆云：西晋时期的文学家，三国吴名将陆逊之后。他与其兄陆机并称“二陆”，在文坛享有盛名。他所著的《登台赋》文辞华美，其中对建筑技艺的描述非常细致。

④排架：指组装建筑的木构架。

⑤无窍之人：窍，孔、洞。古人把两眼、两个鼻孔、两个耳朵和嘴称为七窍。此处指人昏昧，对某事完全不懂。

⑥间进：间是古代建筑的基本单位，指两榀屋架所合围的空间。进表示院落。古代民居多是纵向布置院落，一进就是一个院子。

⑦拘率：拘泥、草率。

⑧广（yǎn）：亦称“披厦”，依靠山崖岩壁搭建的单坡顶的房子。
⑨因借：因，指建造园林要因地制宜；借，指借景，园林造景手法之一。
⑩体宜：体，指建筑的体量、形制。宜，合宜，指园林合乎园主的要求，选址、布局、用材都适度得当。
⑪绀宇：寺院的别称。
⑫町畽：村舍旁边的空地。
⑬好事者：文中指爱好园林的人。

【解读】

这是《园冶》的开篇，也是全书的总论。计成总结造园的要旨，提出了自己的观点：

首先，造园师是决定园林成败的关键因素。计成认为，“三分工匠七分主人”，“能主之人”在造园中占有非常重要的位。所谓“能主之人”，就是指主持营造园林的造园师。造园师不同于一般的工匠，既要有专业的建筑知识，又要具备较高的艺术修养。

古时的鲁班匠心独运，技艺精湛，设计并制造了精巧的房屋和器具，岂是只会单纯操持工具做工的匠人？如果工匠只一味地追求精雕细刻、按照图纸组装建造，遵循定式而不知灵活变通，那么无异于无窍之人。所以，建造园林，不仅要有精湛的技艺，还要构思巧妙、布局灵活。

园林的选址、布局、造景都是有讲究的，一般的工匠难以掌握，园主又不能单凭自己的意愿实现，所以要依靠造园家主持设计规划，才能起到事半功倍的效果。明清时期，随着江南园林的兴盛，对专业的造园人才的需求增多，涌现出许多技艺精湛的造园匠师。其中一部分人具备一定的文化素养，并擅长诗文书画，一跃成为造园家，指挥、敦促工匠们叠山理水，实现园主的造园意图。明清时期的造园家有一定的社会地位，许多文人士大夫与之交往，甚至是为造园好手撰写传记。

《圆明园四十景图咏》之《涵虚朗鉴》（清）

涵虚朗鉴位于圆明园福海东岸，是仿照杭州西湖的雷峰夕照而建。

其次，他提出了“巧于因借，精在体宜”的造园原则和理念。计成主张建造园林既要顺从自然环境、尊重客观规律，又要充分利用现有的地理条件、创造性地改造环境，方能创造出“宛自天开”的宜居、宜游园林。“因”是指因人而宜、因地制宜。根据园主的意图，首先考察地形，选择有利的位置作为地基，然后根据地势的宽窄曲直、高低错落，确定建筑的开间和进数。布局设计要合理得体，既不拘泥于形制，也不随意草率。假如地基不规则，房屋就不必拘泥于三间或五间。哪怕是半间的披厦，只要幽雅就行。

园林结构的巧妙在于因地制宜、相互借助，讲求布局得体、体量适宜。如果有阻碍观景的树木，就可以修剪枝丫；如果有泉水溪流，就可以引注石上，使水、石互相借用衬托；适合建造亭台的地方就建造亭台，适合建造楼榭的地方就建造楼榭；园林内路径不妨设在偏僻处，布置得蜿蜒曲折。这就是“精而合宜”的含义。

园林虽然有内外之分，但取景则不拘远近。青山耸立、古刹凌空，凡是视线所及范围，低俗的景物就要进行遮蔽，优美的景物则要收入园林中。不论是田野、村舍，都可以作为风景。这就是“巧而得体”的含义。

园说

凡结林园，无分村郭，地偏为胜，开林择剪蓬蒿；景到随机，在涧共修兰芷。径缘三益①，业拟千秋，围墙隐约于萝间，架屋蜿蜒于木末。山楼凭远，纵目皆然；竹坞寻幽，醉心即是。轩楹②高爽，窗户虚邻；纳千顷之汪洋，收四时之烂漫。梧阴匝地，槐荫当庭；插柳沿堤，栽梅绕屋。结茅竹里，浚一派之长源；障锦山屏，列千寻③之耸翠。虽由人作，宛自天开。刹宇隐环窗，仿佛片图小李④；岩峦堆劈石，参差半壁大痴⑤。萧寺⑥可以卜邻，梵音到耳；远峰偏宜借景，秀色堪餐。紫气青霞⑦，鹤声送来枕上；白苹红蓼，鸥盟⑧同结矶边。看山上个篮舆⑨，问水拖条枥杖⑩；斜飞堞雉⑪，横跨长虹；不羡摩诘⑫辋川，何数季伦金谷。一湾仅于消夏，百亩岂为藏春；养鹿堪游，种鱼可捕。凉亭浮白⑬，冰调竹树风生；暖阁偎红⑭，雪煮炉铛涛沸。渴吻消尽，烦顿开除。夜雨芭蕉，似杂鲛人⑮之泣泪；晓风杨柳，若翻蛮女⑯之纤腰。移竹当窗，分梨为院；溶溶月色，瑟瑟风声；静扰一榻琴书，动涵半轮秋水，清气觉来几席，凡尘顿远襟怀；窗牖无拘，随宜合用；栏杆信画，因境而成。制式新番，裁除旧套；大观不足，小筑允宜。

【注释】

①三益：古人称松、竹、梅（石）为“三益之友”。清代俞樾的《茶香室丛钞·梅竹石三友》云：“梅寒而秀，竹瘦而寿，石丑而文，是为三益之友。今人但知松、竹、梅为三友，莫知梅、竹、石之为三友也。”

②轩楹：此处指高大敞亮的屋宇。轩，有窗的长廊或房屋。楹，屋前的柱子。

③千寻：寻是古代的计量单位。古时以八尺为一寻。“千寻”是文学作品中的夸张语，用来形容极高或极长。

④小李：唐代画家李昭道，青绿山水画的代表画家，著名画家李思训之子，父子二人在绘画史上被称为大、小李将军。小李尤擅小幅画作，咫尺之间，山水楼阁人马须眉毕现。代表作品有《春山行旅图》《明皇幸蜀图》等。

⑤大痴：元代画家黄公望（1269—1354），字子久，号一峰，又号大痴道人，绘画“元四家”（黄公望、王蒙、吴镇、倪瓒）之一。

他著有《山水诀》，阐述山水画的技法、布局及意境等。作品有《富春山居图》《溪山雨意图》等。

⑥萧寺：指佛教寺庙。因南朝梁武帝萧衍大修寺庙，后世便称佛寺为萧寺。

⑦紫气青霞：紫气，古人以紫色为贵，用紫气代表祥瑞之兆。青霞，隐居、修道之所。

⑧鸥盟：与鸥鸟为友，过着归隐的生活。

⑨篮舆：以竹、藤、柳条编成的轿椅，是古代一种游山时乘坐的交通工具，以人力抬着行走。

⑩枥杖：枥，古同“栎”，一种木材。枥杖是指栎木制成的手杖。

⑪堞雉：指城墙。堞，城墙上齿状的矮墙，又称“女墙”。雉，古代计算城墙面积的单位。

⑫摩诘：王维（692—761），字摩诘，唐代著名山水田园派诗人、画家。他在陕西蓝田构筑有辋川别业。

⑬浮白：原意为罚饮一杯酒，后成为饮酒的代称。语出汉代刘向《说苑·善说》：“饮不釂者，浮以大白。”

⑭偎红：文中意为坐在火炉旁边取暖。

⑮鲛人：传说中的鱼人，深居海中，善纺织，滴泪成珠。晋代张华《博物志》载：“南海水有鲛人，水居如鱼，不废织绩，其眼能泣珠。”

⑯蛮女：唐代诗人白居易家中的婢女，能歌善舞，腰肢纤细，舞姿曼妙。

【解读】

《园说》是计成对园林的概述，包括造园程序、园林的规划设计和造园原则，以及江南园林的功能和审美价值。全文没有采用下定义的形式做讲解，而是以优美的骈体文描绘了一幅幅园林风光图，字里行间传达了极其丰富的造园思想。

开篇介绍的是营造园林的基本步骤：选址、布局、修路、筑墙、造屋、栽种植物、疏浚水道和堆叠假山等。计成指出，大凡园林的建造，无论是在乡村还是城郊，以偏僻幽静的地段为佳，然后开荒铲除杂草。

计成提出了“景到随机”的造园原则，要因地制宜，根据园址的地形和自然环境营造景观。例如，在山涧边种植兰花、芷草等植物，沿着松、竹、梅等草木规划园林内的路径。围墙要在藤萝中隐约可见，远处的屋宇要如同高悬于树梢间，形成蜿蜒之感。在山楼上凭栏远眺，漫步竹林寻幽，处处都是醉人美景。

计成还提出了“虽由人作，宛自天开”的规划设计原则，追求“妙造自然”的审美体验。虽然是人工造景，但宛如天然生成一般。建筑物要与山水环境融为一体，不可喧宾夺主。例如，屋宇要建造得高爽轩昂，窗户要敞亮，以便于欣赏千顷汪洋的水景、收到四时烂漫的花信。在庭院中栽种梧桐树、槐树等，让绿荫洒满闲庭；在河堤沿岸栽种杨柳，房前屋后种上梅花；在竹林里修建茅舍，开凿水道，引涓涓细流；峰峦叠嶂犹如屏风，叠山掇石犹如高耸的千寻青山。

明清时期，许多江南园林都借鉴了文人山水画的画意。造园家从知名的山水画中汲取灵感，规划设计景观，赋予园林丰富的人文内涵。计成也不例外，他提出学习、参照山水画来规划设计园林的人文景观，处理建筑物与自然山水的关系。凭窗远眺，远山上的古刹庙宇若隐若现，犹如唐代李昭道的山水画；园林中的山石峭立，如同元代画家黄公望的山水画。

园林宜居、宜赏，计成在文中重点介绍了园林的赏景功用和审美感受。游赏园林可以动静结合，游山可乘坐竹轿，玩水可持枥杖随行。文中描绘了园林生活的真实场景，从视觉、听觉、味觉、嗅觉等感官，全方位地总结了园林带给人们的审美感受。可择佛寺为邻，耳畔不时会传来诵经声。远处山峰适合借景，山色秀美，尽收眼底。仰望道观紫气缭绕，在枕上就能听见鹤鸣雀啾；俯瞰看水中的白萍红蓼，可以与鸥鸟为友，结伴同游。园中养鹿用来游猎，养鱼用来垂钓。夏天在林中凉亭里饮酒，调制的冷酒使人清凉顿生；冬天在暖阁里围炉取暖，雪水煮茶可消渴解烦。夜

《明皇幸蜀图》李昭道（唐）

晚听雨打芭蕉，仿若夹杂着鲛人的泪珠；清晨看风吹柳枝，如同舞女的纤腰。在窗前移种数竿修竹，在庭院栽几棵梨树。月色溶溶，风声瑟瑟，影乱一榻琴书，吹皱一池秋水。几席上有清风袭来，顿觉胸怀开阔、远离尘嚣。充满诗情画意的园林，不仅使人得到感官的愉悦，心情获得舒畅，还可以陶冶情操、慰藉心灵，让人襟怀宽广，超凡脱俗。

在《园说》的结尾，计成还提到了园林细部的设计与装饰。窗户和门洞没有定式，只要与环境相宜即可；栏杆图式可以随意设计，但也要与环境相协调。细部装饰设计应有所创新，要摒弃陈旧的套路，不要影响园林的总体美观，应与环境相辅相成。

相地

园基不拘方向，地势自有高低；涉门成趣①，得景随形，或傍山林，欲通河沼。探奇近郭②，远来往之通衢；选胜落村，藉参差之深树。村庄眺野，城市便家。新筑易乎开基，只可栽杨移竹；旧园妙于翻造，自然古木繁花。如方如圆，似偏似曲；如长弯而环璧③，似偏阔以铺云④。高方欲就亭台，低凹可开池沼。卜筑⑤贵从水面，立基先究源头，疏源之去由，察水之来历。临溪越地，虚阁堪支；夹巷借天，浮廊可度。倘嵌他人之胜，有一线相通，非为间绝，借景偏宜；若对邻氏之花，才几分消息；可以招呼，收春无尽。架桥通隔水，别馆⑥堪图⑦；聚石垒围墙，居山可拟。多年树木，碍筑檐垣；

让一步可以立根，斫数桠不妨封顶。斯谓雕栋飞楹构易，荫槐挺玉成难。相地合宜，构园得体。

【注释】

①涉门成趣：步入园内就可以领略到咫尺山林的意趣。东晋陶渊明《归去来兮辞》云："园日涉以成趣，门虽设而常关。"

②郭：古时在城的外围加筑的一道城墙，即外城，又称"郭"。东汉许慎《说文解字》云："郭，外城也。"

③环璧：形容地势曲折如同环形的玉璧。

④铺云：云形的地势。

⑤卜筑：择地建筑房屋，有定居之意。

⑥别馆：古代帝王在宫殿以外建造的巡幸用的宫室。在江南私家园林中，指主要厅堂以外的楼馆。

⑦堪图：可以设计规划。

【解读】

相地，又称"堪舆""相宅"，是我国古代勘察选定建筑地址的通俗用语。在中国传统农耕社会，人们过着定居生活，故择地而居显得尤为重要。相地体现了人们积极的生存意识，对环境的认知和对自然条件的合理利用，以满足基本的生活条件，如背山面水、坐北朝南等，都是选择居址的原则。

计成在《相地》一章中专门论述了园址的勘察和选择，包括园址的现场查勘、不同环境和自然条件的评定与选择，以及布局造景与地势的关系等。在开篇这节，计成总结了自己的相地实践经验，将选址中的关键事项进行了归纳。

选址要考虑造园的目的。如果为了生活便利选择在城市附近造园，应远离四通八达的要道；如果想要视野开阔，能够眺望田野景致，选择在乡村造园，应选定便于眺望的地势，利用高低起伏的树林。开辟新园易于规划，可移栽能够快速成林的杨树和竹丛。如果是改建旧园，可巧妙地进行翻新，利用原有的古树和繁花。

园林的地基朝向没有限制，地势任其高低起伏。关键是把握有利的自然条件，勘察山林、水系的分布和走向，了解地形和地貌的优缺点，以及利用和改造好原有的植被。园内景观应随应地形，或与山林相依，或与河沼相连。一进入园内，就应有山水的意趣，让人感到兴趣盎然。

在勘察过程中，做好园林布局的规划，就要利用天然的地形和地势，或方或圆，可偏可曲。遇到长而弯曲的地形，就设计成回环蜿蜒的玉璧状；遇到开阔的斜坡，就要设计成层层错落的铺云形。还要“培高控低”，即地势高的地方应修筑亭台，低凹之处应挖掘池沼。

计成还提到了园林理水的重要性，在规划园林时要先察探水源，疏通水道。建筑布局要与水面相配合，最好建在临近水面的开阔之地。

文中对造景手法也做了简要说明，如果临溪，可以架设虚阁；如果夹巷，可以接通浮廊。只要有可以借取的美景，只要有一线相通，就不要阻隔。对面邻居庭院中的花木即便只露出几分，也可以引为园景。架设桥梁用以沟通阻隔的两岸，在僻静处还可建造馆舍。而以拙朴的石块垒砌起来的围墙，可以比拟山居。

计成认为，选址布局要利用和保护好原有的植被。如果有老树妨碍了建造房屋或院墙，不妨退让一步以保护树木，或是砍去几根枝丫。这是因为雕栋飞楹的建筑容易建造，而槐荫古树的生成却很难。

一　山林地

园地惟山林最胜，有高有凹，有曲有深，有峻而悬，有平而坦，自成天然之趣，不烦人事之工。入奥疏源，就低凿水，搜土开其穴麓①，培山接以房廊。杂树参天，楼阁碍云霞而出没；繁花覆地，亭台突池沼而参差。绝涧安其梁，飞岩假其栈②；闲闲即景，寂寂探春。好鸟要朋，群麋偕侣。槛逗几番花信，门湾一带溪流，竹里③通幽，松寮隐僻，送涛声而郁郁，起鹤舞而翩翩。阶前自扫云④，岭上谁锄月⑤。千峦环翠，万壑流青。欲藉陶舆⑥，何缘谢屐⑦。

【注释】

①穴麓：山洞和山脚。

②栈：即栈道，在悬崖峭壁上凿孔架木而成的狭窄通道。

③竹里：王维的辋川别墅中的胜景之一。

④扫云：指超然脱俗、不问世事的隐居生活。

①锄月：语出东晋陶渊明的“带月荷锄归”诗句，比喻归隐田园，过着散淡洒脱的生活。“锄月”与“扫云”常用作古诗中的意象。

②陶舆：陶渊明晚年游历山水时乘坐的竹藤编制的轿子。

③谢屐：南朝宋时山水诗人谢灵运为游山玩水，设计了一种登山木屐，上山时去掉木屐的前齿，下山时去掉木屐的后齿。唐代诗人李白《梦游天姥吟留别》中有“脚著谢公屐，身登青云梯”句。

《避暑山庄三十六景诗图》之《四面云山》

四面云山是避暑山庄三十六景之一，位于山庄西北隅的最高处，建有一亭，康熙帝为此亭题写对联“山高先得月，岭高自来峰”。

【解读】

计成认为，僻静幽深的山林地区是最理想的造园之地。山林地区的地势有高有低，地形有曲有深，既有陡峭的悬崖，也有平坦的地面，有着自然天成的意趣，不必耗费人力进行改造。

在山林地段造园可以因地制宜，在隐蔽的地方疏通水源，在低洼的地方开凿池塘；掘土开辟山洞和山脚，培土成山，连接房屋和长廊。要让园林中古树参天，遍地繁花，高耸的楼阁好像阻碍了云霞的出没，池塘边的亭台参差错落地突出于水面之上。为了营造出浑然天成的山水之趣，要在水涧处架设桥梁，在飞崖处建造栈道。

计成描绘出了园林生活的场景：人能够安闲自在地漫游，欣赏俯拾即是的美景；园中有成群的鸟雀、结队的鹿群，可以当作同游的伙伴；栏杆、花架上收获着四时花信，园门外有溪水缓缓流过；幽径通往竹林深处的别馆，僻静的松间隐藏着屋舍。听风吹松林，涛声阵阵，看仙鹤翩翩起舞。在楼阶前观云卷云舒，带月荷锄而归。像陶渊明一样乘舆游览山水，不必穿着谢公屐跋山涉水。

这种园林生活场景，正是古代文人所推崇的归隐生活的写照。古人崇尚自然，把自然环境作为审美对象，将大自然的山水形态与人的内在品格相互联系起来，例如孔子所说的“智者乐水，仁者乐山；智者动，仁者静”。文人雅士们除了寄情山水、崇尚田园之乐之外，还创作了许多经典的山水诗、山水画。

二　城市地

市井不可园也；如园之，必向幽偏可筑，邻虽近俗，门掩无哗。开径逶迤，竹木遥飞叠雉；临濠蜒蜿，柴荆①横引长虹。院广堪梧，堤湾宜柳；别难成墅，兹易为林。架屋随基，浚水坚之石麓；安亭得景，莳花笑以春风。虚阁荫桐，清池涵月。洗出千家烟雨，移将四壁图书。素入镜中飞练，青来郭外环屏。芍药宜栏，蔷薇未架；不妨凭石，最厌编屏；未久重修，安垂不朽？片山多致，寸石生情；窗虚蕉影玲珑，岩曲松根盘礴②。足征市隐③，犹胜巢居④，能为闹处寻幽，胡舍近方图远；得闲即诣⑤，随兴携游。

【注释】

①柴荆：用柴木做的简陋门户。
②盘礴：高大，雄伟。
③市隐：隐居于城市中。晋代王康琚《反招隐》："小隐隐陵薮，大隐隐朝市。"唐代诗人白居易《中隐》："大隐住朝市，小隐入丘樊。"
④巢居：远古时期人们在树上居住。文中指代隐居山林。
⑤诣：技艺或学业达到的境界。

【解读】

计成认为繁华的闹市不适合建造园林，建议选择城郊僻静的地方。这样即便是邻近喧嚣的俗世，只要掩上门扉就能得以清静。正如陶渊明《饮酒》所言："结庐在人境，而无车马喧。问君何能尔？心远地自偏。采菊东篱下，悠然见南山。山气日夕佳，飞鸟相与还。此中有真意，欲辨已忘言。"

不过，在城市中也可以开辟一片清凉地，过隐居生活。如何在城市中造园，计成给出了经验之谈：园林的路径要修得曲折绵延，竹林树丛中隐约可见斜飞的城墙。挖掘出曲折的池沼，从柴门之内横接长桥。庭院宽敞可以栽种梧桐树，而沿着弯曲的河堤可植杨柳，不适合建造别墅的地方则可以变为林地。构筑房屋要

苏州艺圃水池与乳鱼亭

艺圃坐落在苏州市西北的金门附近，始建于明嘉靖年间。全园水池居中，池北以建筑为主，池南以山景为主，临池以湖石叠成绝壁、石径，池水之东有建于明代的乳鱼亭。从水榭南望，山水交融，花木葱茏，颇具山林野趣。

根据园基的布局进行规划，疏浚水道要用石头砌堤。安置亭台楼阁，栽种花卉，便于造景和观景。芍药宜用围栏保护，不妨依凭山石；蔷薇不必搭架，最忌编织成花屏。花木要经常修剪，以保持生长茂盛。

园中的台阁隐匿在桐树的浓荫里，清澈的池水中有月影晃动，清澈的月光映在四壁的图书上。池塘里的瀑布如同白练，四周环绕的青山如同翠屏。透过虚掩的窗户，可看玲珑的芭蕉树影，可赏岩石上盘曲的松根。园林中的片山寸石都富有情致，让人触景生情。既然城市中有如此佳境，何必舍近求远到山林中居住呢?

三　村庄地

古之乐田园者，居于畎亩之中；今耽丘壑者，选村庄之胜，团团篱落，处处桑麻；凿水为濠，挑堤种柳；门楼①知稼，廊庑连芸。约十亩之基，须开池者三，曲折有情，疏源正可；余七分之地，为垒土者四，高卑无论，栽竹相宜。堂虚绿野犹开，花隐重门若掩。掇石莫知山假，到桥若谓津通。桃李成蹊，楼台入画。围墙编棘②，窦留③山犬迎人；曲径绕篱，苔破家童扫叶。秋老蜂房未割，西成④鹤廪⑤先支。安闲莫管稻粱谋⑥，沽酒不辞风雪路。归林得意，老圃⑦有余。

【注释】

①门楼：古时住宅的大门，因结构类似房屋，故称。门楼是身份、地位的象征，官宦富贵人家才能建造，多用砖雕、木雕进行装饰。

②编棘：用有刺的苗木编织篱笆。

③窦留：在篱笆上留出供狗出入的小洞。窦，孔洞。

④西成：指秋收。《尚书·尧典》：“秩西成。”《礼·疏》：“秋位在西，于时万物成熟。”

⑤鹤廪：古人养鹤时存放鹤粮的仓库。

⑥稻粱谋：愿意为鸟类寻食。形容人谋求衣食。

⑦老圃：老菜农。典出《论语》：“樊迟请学稼。子曰：‘吾不如老农。’请学为圃，曰：‘吾不如老圃。’”

《湖舍耕织图》文徵明（明）

【解读】

我国从古至今都是农业大国，民以食为天，国以农为本，故人口大部分都集中于从事农业生产的村镇之中。因此前文中说到的山林地、城市地，在百姓居所选地之中都不及村庄地的比例大。不仅如此，相较于山林地的偏远孤僻、城市地的喧闹尘嚣，在村庄地营造园林既贴近原始自然，又有鸡犬相闻，自有一种率性淳朴的生活韵味。计成对村庄地的规划十分详尽。他认为，田园居所不必大，十亩即可。十分之三用来蓄水，既可以疏通河道，种桑植柳，又能为整个居所增添曲折幽深的情趣。剩下十分之七的基地中，用十分之四来垒土造山，为居所营造出一种巧妙真实的自然氛围。而叠造

安徽宏村风光

山石的最关键之处有二：一是要返璞归真，如同自然形成的山石一般自然，做到山石断处有桥，陆路尽处有水路。二是要营造出庭院深深的立体之感，通过山石的叠造将平坦广阔的宅基地建造为隐私性高、适合居住的家园。他还特别提出，要以青竹缀之。古人对竹的喜爱很是普遍。南朝宋刘义庆在《世说新语》中曾经生动记载了古人“居不可无竹”的审美取向。除了代表主人审美志趣的青竹之外，在园子之中，自然也少不了柴扉、篱笆和迎接客人的家犬，而纵横在桑树、苎麻、桃树、李树间的小路更充满了乡间的野趣。居住在这怡然自得的田园居所之中，外有庄稼作物自给自足，内有诗词歌赋怡悦心情，虽未隐居山林，却更自乐。“膏火白煎熬，多财为患害，布衣可终身，宠禄焉足赖”，许多古人将这田园之趣作为心灵的慰藉，用以躲避俗世的纷扰。其中最为出名的莫过于东晋诗人陶渊明，他因不愿“为五斗米而折腰”，辞官回家，过上“躬耕自资”的田园生活。陶渊明的诗文田园气息浓郁，开创了田园文学的先河，被推为“古今隐逸诗人之宗”。他将躬耕隐居生活的切身体会融入文学作品中，反复吟咏山林之趣和田园之乐。陶渊明在《桃花源记》中创造了一个理想社会，其山水田园之美堪称人间仙境。“桃花源”也因此成为文人士大夫的隐逸情结。他在《归田园居》中写道：

少无适俗韵，性本爱丘山。
误落尘网中，一去三十年。
羁鸟恋旧林，池鱼思故渊。
开荒南野际，守拙归田园。
方宅十余亩，草屋八九间。
榆柳荫后檐，桃李罗堂前。
暧暧远人村，依依墟里烟。
狗吠深巷中，鸡鸣桑树颠。
户庭无尘杂，虚室有余闲。
久在樊笼里，复得返自然。

恬淡、淳朴的诗句表达了诗人对山水的热爱与向往。其名士风范对后世山水诗画的创作以及园林的构筑，都有着深远的影响。

四　郊野地

郊野择地，依乎平冈曲坞，叠陇乔林，水浚通源，桥横跨水，去城不数里，而往来可以任意，若为快也。谅地势之崎岖，得基局之大小；围知版筑①，构拟习池②。开荒欲引长流，摘景全留杂树。搜根③带水，理顽石而堪支；引蔓通津，缘飞梁而可度。风生寒峭，溪湾柳间栽桃；月隐清微，屋绕梅余种竹；似多幽趣，更入深情。两三间曲尽春藏，一二处堪为暑避。隔林鸠唤雨，断岸马嘶风。花落呼童，竹深留客。任看主人何必问④，还要姓字不须题。须陈风月清音，休犯山林罪过。韵人安亵，俗笔偏涂。

【注释】

①版筑：建造土墙。

②习池：即习家池，是东汉初年襄阳侯习郁建造的私家园林。

③搜根：打造假山的地基。

④任看主人何必问：此处引用了《世说新语》中王徽之的典故。相传王徽之有一次路过一处私家园林，未经主人允许就入内参观，并肆意评说。正逢主人宴客，见他如此放肆便驱赶他，他非但不走，还继续游玩，旁若无人。

【解读】

园林，从表意来看是住宅与园圃的集合，但是其真正的内涵实为人与自然的结合。在古代文人的道德审美之中，归隐自然是最佳选择，是对于自然的回归。因此计成对于在郊野地营造园林的要求更高。他认为，在郊野地居住，好处是显而易见的。首先郊野是

绍兴兰亭近水曲桥

兰亭位于浙江省绍兴市西南十四公里处的兰渚山下，是东晋书法家王羲之邀请文人雅士举行曲水流觞盛会的地方，王羲之还在此写下了有“天下第一行书”之誉的《兰亭集序》。兰亭有“崇山峻岭，茂林修竹，又有清流激湍，映带左右”，风景清幽，颇具野趣。

比较亲近自然的处所，山麓延绵起伏，树林茂密成荫，碧水烟波浩渺。其次，郊野地相较于山林地、村庄地，离城市要近，交通也相对便利，是较为适合居住的处所。而在郊野地建园，最重要的是尊重自然，若逆势而为，则为亵渎自然、信笔涂鸦。“尊重自然”其意有二。一是在规划布局上，要以当地的自然环境为重要依据。例如若要依山而建，自然要根据路面的崎岖来决定地基面积的大小，要夯土筑围墙。此外，还要根据自然环境的变化扬长避短、顺势而为。如可效仿汉代名士习郁开凿鱼池、种植芙蓉翠竹的做法，疏引长流在园中圈一湾碧水，种以柳绿桃红，让春意更浓；绕屋植以翠竹瘦梅，为朦胧月色更添诗情画意。郊野的山、水、桥、林、小径都可纳入园林的景色之中。园林融为周围环境的一部分，更为其增色。二是让自然陶冶情操，用山水扩大胸怀。在魏晋时期，曾经发生了一桩趣事。相传东晋大书法家王徽之有一次路过一处私家园林，未经主人允许就入内参观，并肆意评说。正逢主人宴客，见他如此放肆便驱赶他。他非但不走，还我行我素，旁若无人地继续游玩。《世说新语》中记载了这个故事，并归入《简傲》篇。“简傲”，即傲慢失礼的意思，但计成认为这是一件有理可循、颇有意味的美事。美丽的事物必然会引得人欣赏，好的园子亦如此。而园子的主人也应该放开自己的胸襟，由人来，任人去。

五　傍宅地

宅傍与后有隙地可葺园，不第便于乐闲，斯谓护宅之佳境也。开池浚壑，理石挑山，设门①有待来宾，留径可通尔室②。竹修林茂，柳暗花明。五亩何拘，且效温公之独乐；四时不谢，宜偕小玉以同游。日竟花朝，宵分月夕。家庭侍酒，须开锦幛之藏；客集征诗，量罚金谷之数③。多方题咏，薄有洞天。常余半榻琴书，不尽数竿烟雨。涧户若为止静，家山何必求深。宅遗谢朓④之高风，岭划孙登⑤之长啸。探梅虚蹇⑥，煮雪当姬。轻身

尚寄玄黄⑦，具眼胡分青白。固作千年事，宁知百岁人。足矣乐闲，悠然护宅。

【注释】

①设门：一般私家园林要通过住宅进入，而此处的设门指的是在园林直接设门，不经过住宅，直接进入园林。

②尔室：指住宅区。

③金谷之数：西晋富豪石崇常在金谷园中邀集宾客饮宴，作诗助兴，《金谷诗序》载：“或不能者，罚酒三斗。”

④谢朓：字玄晖，陈郡阳夏（今河南太康县）人，南朝齐杰出的山水诗人，出身世家大族。此处用谢朓的典故暗喻园主人具有高风亮节。

⑤孙登：魏晋时著名隐士，字公和，号苏门先生。史载他博学多识，会弹一弦琴，尤其善于长啸。此处用孙登的典故暗示园主人睿智脱俗。

⑥探梅虚蹇：此处用唐代诗人孟浩然在雪天骑驴探梅的典故，意指在园中可以踏雪寻梅而不用骑驴。蹇，驴或驽马。

⑦玄黄：指天地。《周易·坤卦》：“夫玄黄者，天地之杂也，天玄而地黄。”

【解读】

唐刘禹锡有名句“山不在高，有仙则名。水不在深，有龙则灵”，如此道理，亦可应用在造园上。古时候，私家园林不仅仅是一种充满艺术性的建筑形式，更是一种身份与地位的象征，如同一道鸿沟划开了贵族与平民。而计成却在傍宅地的造园中，提出了更为超然的观点：园子所得的乐趣，并不在于园子的广阔规模、奇巧天工、斥资无数，而在于徜徉在自然之中那份逍遥心境。最贴切的

苏州耦园望月亭

耦园位于苏州古城区的最东边，建于清代。其布局以住宅居中，东西两边各有一园，因此得名“耦园”（藕，通“偶”）。

如司马光的独乐园，司马光描述它：“鹪鹩巢林，不过一枝；鼹鼠饮河，不过满腹，各尽其分而安之，乃光之所‘独乐’也。”园子虽小，却有小溪短桥明志，竹亭茅屋著作，翠竹青藤安逸，花卉药草独乐。

所谓傍宅地，顾名思义就是住宅旁边或者后面有一块空地。这一块空地不必大，三五亩亦可。在这空地上建造园子，不仅可以保护住宅的私密性，更无形中扩大了空间。于生活，前方开门迎客，后方小径通幽，既可供家人平日游玩，举行宴会，又可宾客盈门，共襄盛举。于心境，既可携妙龄少女游玩，又可独自一人，有书、有水、有琴、有竹相伴，自然清旷，幽静典雅。如果有这样一份心境，又何必舍近求远去追求园子的幽深和山石的高耸呢？不管是归隐还是入世，又有什么相干呢？人生在世不过百十来年，不如知足常乐，怡然自得。

六　江湖地

江干湖畔，深柳疏芦之际，略成小筑，足征大观也。悠悠烟水，澹澹云山；泛泛鱼舟，闲闲鸥鸟。漏层阴而藏阁①，迎先月以登台。拍起云流，觞飞霞伫。何如缑岭②，堪偕子晋吹箫③；欲拟瑶池，若待穆王侍宴④。寻闲是福，知享即仙。

【注释】

①漏层阴而藏阁：阳光从树荫之间倾洒下来。

②缑岭：即缑氏山，此处指的是修道成仙之处。

③子晋吹箫：子晋为周灵王太子，喜吹箫作凤凰鸣，相传其后来被浮丘公引往嵩山修炼，三十年后得道升仙。

④穆王侍宴：穆王指的是周穆王。相传他好大喜功，连年征战，西王母为了阻止他，请他去参观黄帝之宫，并在瑶池设宴款待他。

【解读】

早在人类初始，在居住的选址上就讲究依水而居，这与当时低下的生产力是不可分割的。狩猎、捕鱼、采摘、祭祀……与人们生息相关的重要活动都与水有着不解之缘。可以说，水是万物生机的源泉。中国人最看重的风水一说，也有“风水之法，得水为上，藏风次之”的论述，认为水是能够招揽福气、财运的一种媒介。故傍水而居也符合古人所追求的“天人合一”的境界。将园址选在江边湖畔的人，必有广阔的胸襟：自然形成的江湖有一种天然的气势，不同于园林中人工引流的沟壑小溪，看那烟波浩渺、碧波万里、沙

无锡太湖鼋头渚

鼋头渚是横卧于太湖西北岸的一个半岛，因巨石突入湖中的形状酷似昂首神龟而得名。

洲纵横，自有雄心壮志，豪气升腾。将园址选在江边湖畔的人，必有浪漫的情怀：登高望远，看那翠竹成荫、野舟搁浅、鸥鹤舞沙，不由得让人想起“江流宛转绕芳甸，月照花林皆似霰。空里流霜不觉飞，汀上白沙看不见”的经典诗句。将园址选在江边湖畔的人，必有淡泊的明志：正如计成所说，生活在如此逍遥的地方，何必再苦苦修道成仙？只要能保持平静淡泊的心态，偷得浮生半日闲，自然快乐似神仙。

立 基

凡园圃立基，定厅堂为主。先乎取景，妙在朝南，倘有乔木数株，仅就中庭①一二。筑垣②须广，空地多存，任意为持，听从排布，择成馆舍，余构亭台；格式随宜，栽培得致。选向非拘宅相，安门须合厅方③。开土堆山，沿池驳岸。曲曲一湾柳月，濯魄④清波；遥遥十里荷风，递香幽室。编篱种菊，因之陶令⑤当年；锄岭栽梅，可并庾公⑥故迹。寻幽移竹，对景莳花。桃李不言，似通津信；池塘倒影，拟入鲛宫。一派涵秋，重阴结夏⑦。疏水若为无尽，断处通桥；开林须酌有因⑧，按时架屋。房廊蜒蜿，楼阁崔巍，动“江流天地外”之情，合“山色有无中”之句⑨。适兴平芜眺远，壮观乔岳瞻遥。高阜可培，低方宜挖。

《陶潜赏菊图》赵令穰（宋）

【注释】

①中庭：厅堂的庭院。
②筑垣：原指围墙，此处指园林。
③安门须合厅方：此句意思为门楼与厅堂的朝向要相一致。门，门楼。
④濯魄：月光。
⑤陶令：东晋诗人陶渊明。因其做过彭泽令，后世称为“陶令”。
⑥庾公：庾胜，汉武帝时期的大将军，他所驻守的要塞称“大庾岭”。唐朝时期张九龄在此处种植许多梅树，又称“梅岭”。此处用这两个典故暗指园主人具有陶渊明和庾胜一样的高雅品格。
⑦重阴结夏：层层的树荫遮挡住阳光，可以避暑消夏。
⑧因：意境构思。
⑨江流天地外：王维《汉江临眺》云：“江流天地外，山色有无中。”这里形容在园林中远眺的景色。

【解读】

所谓地基，指的是建筑下面支撑建筑物整体荷载的土体或者岩体。这是建筑之根本，直接决定了建筑的使用寿命以及使用者的安全。若地基打得好，那么建筑就坚固牢靠；若地基打得不牢固，那么即使建筑设计得再为巧妙，也不能长久。

计成对于造园工程中地基的施工，提出了三点看法。第一，园圃立基首先要确定厅堂的位置。厅堂是园林建筑组群中最为主体的建筑，也是建筑整体的中心。只有确定了厅堂的位置，才能确定园林建筑的总体布局规划，因此有“莫如一园之体势者，莫如堂”的说法。厅堂的方向最好是坐北朝南，与大门的朝向保持一致。以厅堂为中心用筑墙进行空间划分，要给园林多留些空间，这样才能让园林设计的立意构思在最大程度上实现。而亭榭廊槛的方向却没有定论，讲究清新洒脱、婉转其间，让人产生“江流天地外”的情思，融入“山色有无中”的意境。

第二，对于地貌的改变，计成认为应该顺势而为。若有高的地势就起山，若有低的地势就成谷；若有足够空间便可以叠石理水，营造出水石相映成趣的美丽自然景观。

第三，草木绿化是体现审美情趣、营造诗情画意最为有效而必要的手段。园林的本意就是以自然为宗，因此自然少不了花草树木为其增添野趣。但花木的布局也要有章法，要结合地貌、时节和意趣，还要和周边的亭台楼阁相呼应。若是水池，便要在堤岸上种植杨柳，在水中种植荷花；若是小径，便要“桃李成蹊卧落英”。若要清幽典雅，便以竹林、疏梅点缀；若是追求田园之乐，效仿陶渊明，便可编织篱笆，种植菊花。

一　厅堂基

厅堂立基，古以五间三间为率①。须量地广窄，四间亦可，四间半亦可，再不能展舒②，三间半亦可。深奥曲折③，通前达后④，全在斯半间中，生出幻境也⑤。凡立园林，必当如式。

【注释】

①率：标准。
②展舒：拓宽。
③深奥曲折：空间深幽而富有变化。
④通前达后：空间通透，往复无尽。
⑤幻境：指空间富有变化、景色丰富多样的情趣。

【解读】

在建造地基的工程中，处于园林建筑群组中心位置的厅堂基是最为首要和关键的。只有确定了厅堂的大小和位置，才能以此为前提进行其他建筑的规划和变化。古人建造厅堂地基一般以三间或者五间为标准。但是计成认为，厅堂基的大小应该根据整个园林建筑的面积来决定。如果面积较大，可以造四间或者四间半，面积较为狭小的造三间半也可以，并不一定要遵循死理。只有将厅堂基建造得大小适中，位置准确，才能以此为中心划分其他建筑空间。至于余出的半间，可以巧妙运用，以此来构造曲折深幽、通前达后的立体效果和深远意境。这是造基工程的基本原则。

二　楼阁基

楼阁之基，依次序定在厅堂之后①，何不立半山半水之间，有二层三层之说，下望上是楼，山半拟为平屋，更上一层，可穷千里目也。

北京颐和园佛香阁

佛香阁建在万寿山半山腰，顶部突出山顶，平面呈八面形，三层四重檐，远望稳重壮丽，成为全园景观构图的中心，堪称我国古代园林建筑利用地形地势造景的杰出范例。

【注释】

①厅堂之后：江南的园林较为精致狭小，因此为了采光，将楼阁放在厅堂之后。

【解读】

古时候，人们常常将楼阁建造在厅堂的后方，几乎成为了定式。但是计成认为，楼阁的地基选址应该更为灵活多变，要积极利用楼阁多层的建筑特色，并结合周边自然环境来创造建筑的妙趣。他提出，如果将楼阁建造在山水之间，就需随地势而变化。如在山脚下，楼阁拔地而起有二三层之高；到了山腰，楼阁变成平层，与目相齐；待又往上攀爬，楼阁还可以作为高台供人登高远眺。楼阁功能的多样性和变化的多样性，都能够让人体会到一种“欲穷千里目，更上一层楼”的趣味。

三　门楼基

园林屋宇，虽无方向，惟门楼基，要依厅堂方向，合宜则立。

【解读】

园林建筑在修建门楼的地基时，对于方位的要求是十分精确和严谨的。我国的建筑讲究“坐北朝南”。这种方位不仅采光较好，而且通风。后来随着君主专制的建立和风水堪舆的发展，人们以南为尊，因此在修建宫殿和庙宇时都面朝向正南，皇帝的座位也是坐北朝南。为避免犯忌讳，人们在修建住宅时都在“坐北朝南”的原则下稍有转移。厅堂与门楼两点之间的直线所向为整个住宅的朝向，故十分重要，因此门楼地基的修造必须要根据厅堂的方位确定方向，符合建筑组群整体布局的要求。

四　书房基

书房之基，立于园林者，无拘内外，择偏僻处，随便通园，令游人莫知有此。内构斋、馆、房、室①，借外景②，自然幽雅，深得山林之趣。如另筑，先相基形：方、圆、长、扁、广、阔、曲、狭，势

如前厅堂基余半间中，自然深奥。或楼或屋，或廊或榭，按基形式，临机应变而立。

【注释】

①斋、馆、房、室：指的是书房的样式不拘一格，可以根据周边环境和个人喜好修葺。

②借外景：借助书房庭院和园林的景色。

【解读】

在我国古代，书房是住宅基本配置中的重要组成部分，是人们读书作画、工作、会友或小憩的场所。唐代刘禹锡对书房有着最经

北京北海静心斋的抱素书屋（图片提供：微图）

静心斋位于北海北岸，是一座园中之园，建于清乾隆二十二年（1757年），是当年皇子读书的书斋。园中以叠石为主景，配以亭榭楼阁、小桥流水、叠石岩洞，幽雅宁静。

典的诠释："斯是陋室，唯吾德馨。苔痕上阶绿，草色入帘青。谈笑有鸿儒，往来无白丁。可以调素琴，阅金经。无丝竹之乱耳，无案牍之劳形。"因此园林中书房地基的选址要尽量选择较为僻静、幽深的地方，既能保持较高的私密性，又可通达各处。书房面积和形状，不管方、圆、长、扁、广、阔、曲、狭，势，都应由地基的情况，以及厅堂地基打出来的那"半间"余量来决定。书房可根据个人的喜好和周边环境来建造成楼阁、亭榭等不同的样式。在书房的周边布置上，要突出恬静雅致的特点，可借助自然的景致，再点缀松柏苍翠、修竹摇曳，营造出浓郁的文化氛围，达到让人能够凝心静气、专心致志的效果。

五　亭榭基

花间隐榭，水际安亭，斯园林而得致者。惟榭只隐花间，亭胡拘水际。通泉竹里，按景山颠。或翠筠茂密之阿，苍松蟠郁之麓；或借濠濮之上①，入想观鱼②；倘支沧浪之中，非歌濯足③。亭安有式，基立无凭。

【注释】

①濠濮："濠"与"濮"均为中国古水名，此处泛指水。
②入想观鱼：引用庄子"鱼之乐"之意，怡然自乐。
③倘支沧浪之中，非歌濯足：典故出自《孟子》："有孺子歌曰：'沧

浪之水清兮，可以濯我缨；沧浪之水浊兮，可以濯我足。”如果沧浪之水清冽，就用来洗帽缨；如果水质浑浊，就用来洗脚。此处意为园中水流清澈，不必用来洗脚。

【解读】

在园林设计中，亭榭地基的选址是最能体现审美的，对此计成反复强调“建筑是为景色服务的”这一观点。古人习惯将亭建造在水边，将榭建造在花间，来营造妙趣横生的园林景观。但计成认为，榭的结构特征使其确实最适合建造于花间深处，但对于亭的选址就不必那么拘泥。在实际生活中，亭由于功能较为丰富，只要有所需要，都可因地制宜。亭无论是建在烟波浩渺的江畔湖边、茂林修竹的林边、高耸入云的山巅，还是建在曲折苍翠的山坳、松柏茂密的山麓，其美丽多姿的轮廓都能够与周边的景致相互辉映，达到较好的景观艺术效果。

苏州留园濠濮亭

六　廊房基

廊基未立，地局①先留，或余屋之前后②，渐通林许③。蹑山腰，落水面，任高低曲折，自然断续蜿蜒，园林中不可少斯一断④境界。

【注释】

①地局：布局，规划。
②余屋之前后：在房屋前后留下空间。
③许：场所。
④断：通“段”，一段。

【解读】

廊房对于园林，就如同跳动的脉搏一般。廊房不仅依据园林的地形地貌、自然风光、主体建筑顺势而行，还可以将整个园林建筑

北海琼岛的爬山廊

的灵气、韵味、特征交织成一道周密的网，使得整个园林都洋溢着精妙的构想和创意。而要让廊房能够充分发挥作用，就必须在事前的规划上下功夫。在规划总体布局的时候，要留出足够的空间来建造廊房。其次廊房的位置并不拘泥定式，既可临水，也可按照山势的起伏建在山腰。

七　假山基

假山之基，约大半在水中立起①。先量顶之高大，才定基之浅深。掇石须知占天，围土必然占地②，最忌居中，更宜散漫。

【注释】

①水中：此处指的是地下水，而非池水。
②占天、占地：泛指与周边环境相结合。

【解读】

假山是制造园林景观的重要组成部分。在假山的相地布局上，计成认为有地下水的地方最佳。在动工之前，要先结合周边环境确定假山的构架和走势、高低与重量，然后依据这些数据来确定地基的深浅。在叠砌假山的时候要源于自然，做到真假难分、主次分明。按照山石的自然皴纹和形状进行堆叠，既要有山势，又要有意境，以达成较好的空间视觉效果。叠造假山最忌讳的是将假山生硬地建造于庭院或景区的中央，应该因地制宜，体现出一种“宛若天成”的美感。

屋宇

凡家宅住房，五间三间，循次第而造；惟园林书屋，一室半室，按时景①为精。方向随宜②，鸠工合见③；家居必论，野筑④惟因。随厅堂俱一般，近台榭有别致。前添敞卷，后进余轩⑤。必有重椽⑥，须支草架。高低依制，左右分为。当檐⑦最碍两厢，庭除恐窄；落步⑧但加重庑，阶砌犹深。升拱⑨不让雕鸾，门枕⑩胡为镂鼓。时遵雅朴，古摘端方。画彩虽佳，木色加之青绿；雕镂易俗，花空⑪嵌以仙禽。长廊一带回旋，在竖柱⑫之初，妙于变幻；小屋数椽委曲，究安门之当，理及精微。奇亭巧榭，构分红紫之丛；层阁重楼，迥出云霄之上。隐现无穷之态，招摇不尽之春。槛外行云，镜中流水，洗山色之不去，送鹤声之自来。境仿瀛壶⑬，天然图画，意尽林泉之癖，乐余园圃之间。一鉴能为，千秋不朽。堂占太史⑭，亭问草玄⑮，非及云艺⑯之台楼，且操般门⑰之斤斧。探奇合志，常套俱裁⑱。

【注释】

①时景：随着时间变化而不断变化的景色。
②方向随宜：园林建筑的朝向根据周边环境以及设计布局而定。
③鸠工合见：工匠们共同的认识。
④野筑：指的是园林。
⑤前添敞卷，后进余轩：房屋前后添建结构，使得空间更为宽阔。
⑥重椽：复水重椽。
⑦当檐：正堂的房檐。
⑧落步：踏步、台阶。
⑨升拱：斗拱。
⑩门枕：承接门扇的门基部件，一般由石头制成。
⑪花空：镂空的装饰。
⑫竖柱：承重的立柱。
⑬瀛壶：传说中的海上仙山，此处指仙境。典出晋代王嘉《拾遗记·高辛》："三壶，则海中三山也。一曰方壶，则方丈也；二曰蓬壶，则蓬莱也；三曰瀛壶，则瀛洲也。"
⑭太史：官名，这里指学识丰富、审美水平很高的人。
⑮草玄：汉代文赋家扬雄在四川成都的住宅，又称"草玄堂"，简称"玄亭"。
⑯云艺：指西晋文学家陆云修造建筑的技艺。
⑰般门：即班门，鲁班门下，指工匠的技能。
⑱常套：造园的基本常识与技能。

【解读】

屋宇，指的是园林中的建筑。计成认为园林中的建筑与普通的住宅建筑是有区别的。住宅建筑按照空间顺序排列，而园林建筑则按照四季变化的景色来建造。因为园林建筑不仅要担负起居住、使用的功能，也要担负起一个特殊的任务——造景。园林建筑与园林中的景色应该是浑然一体的，既要烘托景色，又要成为美景中的绝妙组成部分。

为了使屋宇兼顾实用价值和观赏价值，能够自然融入到园景之中，计成从结构、装饰、布局三方面进行了详细的阐述。

在结构上，首先，建筑的朝向不受限制，而是因地制宜，由周边的环境来决定。其次，建筑的基本结构不需要墨守成规，可以配合周边的景色及住宅的使用目的做一些灵活巧妙的变化。如厅堂，在打地基的时候就要留出半间的余量，为延展空间打下基础。如果厅堂主要用于观景、休憩，那么其前檐、后檐都可以添建廊庑，以便观赏景色。为了使得空间变得宽展，还可以添设多重廊庑。为了使屋顶外观完整，屋顶要使用草架结构，即用复水重椽做一个假顶，既增加了采光，又十分美观。但需要注意的是，房檐的高度不同，草架的结构也会有所不同。如果建造蜿蜒曲折的长廊，就要提前设计好构思，使长廊富有变化、具有趣味。如果建造结构相对简单的小屋，就要考虑庭院的组合和门户的安排，使之具有精巧微妙、宛转往复的妙处。

在装饰上，讲究的是建筑与整个园林风格的统一和谐，要古朴高雅，决不能流于庸俗。简约就是一种自然的美，如科拱、门枕等可以不用巧夺天工，费心刻镂，只要保持端庄大方的风格即可；而相对于彩画的色彩斑斓，青绿色则要显得典雅得多。

在布局上，遵循“巧于因借”的大原则，要让建筑在风景中“自

《圆明园四十景图咏》之《长春仙馆》（清）

然生长”。如结构精巧的亭榭就应该建在姹紫嫣红的花木之间，而高耸的楼阁就应该顺势而为建于高处，更有“欲穷千里目，更上一层楼”的趣味。亭、台、楼、阁，都应该拥有自己的特点和韵味，厅堂就应该有大家风范，亭台就应该有悠闲淡泊的情趣。这些建筑若能与那湖光山色、天边流云、阵阵清风鹤鸣相呼应，就称得上千古的园林杰作了。

一　门楼

门上起楼，象城堞①有楼以壮观也。无楼亦呼之。

【注释】

①城堞：城墙上的矮墙。

【解读】

门楼就是在大门上加建一层楼，如同在城门上修造楼阁，目的是使其外观更加宏伟。也有的大门上未建楼阁的，而是以砖砌成枋形，上覆屋顶，一般也称为“门楼”。

作为汉族的传统建筑形式之一，门楼不仅展现出蔚为壮观的建筑风格，而且有更为深层次的文化内涵。门楼一般为住宅的总甬道，不仅仅只是保家护宅的大门，同时也是住宅主人的“脸面”。门楼的高低以及建筑材料、结构装饰、彩绘文字等建

苏州网师园“藻耀高翔”砖雕门楼

砖雕门楼多见于江南园林，更为简朴淡雅。“藻耀高翔”门楼位于网师园万卷堂前，高约6米，幅宽3.2米，其上字匾刻“藻耀高翔”，体现了园主人的文才和风骨。字匾两旁分别是“文王访贤”和“郭子仪拜寿”的镂雕戏文图案，下饰三个“寿”字，额上下还点缀着蔓草、祥云、蝙蝠、莲藕、钱币等多种图案，雕刻细腻，形象生动，有“江南第一门楼”之誉。

筑元素，都直接反映了住宅主人的社会地位、贫富水平等信息，因此人们常常使用“门第等次”一词表达社会阶级关系的不同。

二　堂

古者之堂，自半已前①，虚之为堂。堂者，当也②。谓当正向阳之屋，以取堂堂高显之义。

【注释】

①自半已前：堂的前半部分。
②当：轴线。

【解读】

在我国古代，住宅分为堂、室、房。所谓“堂”就是“当”的意思，取其“堂堂高显”之意，泛指住宅中轴线正面向阳的一侧房屋，一般坐北朝南，为整个住宅的正厅。堂屋是住宅的公共空间，不住人，通常是行吉凶大礼的地方，室内用博古架、隔扇等进行装饰，庄重而又开放。而堂屋的后面为室，专门用于居住，侧面的建筑叫作“房”。

在园林中，堂通常位于中心位置，不仅是园主人日常活动的主要场所，也是园中风景构图的中心。功能方面，堂在园林宅第中起到公共建筑的作用，是主人会客或欣赏小型演出的地方，空间较大，体势较为严整。堂前多有临水的宽敞平台，面对水池和假山，

苏州拙政园远香堂

远香堂位于拙政园中园的正中心。其建筑平面为矩形，四面开有落地长窗，坐在厅内可环顾四面景色。堂北临水为月台，夏日满池荷花，清香四溢，取宋代周敦颐《爱莲说》中“香远益清”的意境，取名为“远香堂”。

互为对景。所以其体势一般都高大宽敞，正面向南，装修考究，陈设精丽。

三　斋

斋较堂，惟气藏而致敛①，有使人肃然斋敬之义。盖藏修密处之地，故式不宜敞显。

【注释】

①气藏而致敛：集聚精气，收敛心神。

无锡寄畅园含贞斋

含贞斋曾是寄畅园第三代园主秦耀的书斋，坐西朝东，面阔三间，斋名取自“岁寒挺高节，吾自含我贞”的诗句。屋前有两棵古银杏和大片桂花树，四周多植古松，环境幽雅。

【解读】

斋，最初指的是古人斋戒时候的居所，用于藏养精气，修身养性。因此斋在选址上相对于开阔、明显的堂，多选偏僻、幽静的场所，便于人们专心致志地斋戒，不被外事所纷扰。发展到后来，斋常常作为幽静的书房、学舍等，也称“山房”。

四 室

古云，自半已后，实为室。《尚书》有“壤室①”，《左传》有“窟室②”，《文选》载：“旋室㛹娟以窈窕③。”指“曲室”也。

【注释】

①壤室：土室，类似窑洞。
②窟室：掘地为室，类似地窖。
③旋室㛹娟以窈窕：指曲折深邃的宫室。

【解读】

室在我国是较早的一种建筑形式，早在先秦时期就有记载。《尚书》上记载有“壤室”，《左传》上记载有“窟室”，《文选》上记载的“旋室㛹娟以窈窕”，指的是曲折深幽的宫室。在古代建筑中，室是位于堂屋后面建筑中央的房间，多用于居住，堂与室以墙相隔。《说文》中“室，实也”，意思是说室“人物实满其中”。

苏州网师园琴室

网师园中的琴室，是一开间的小室，位于一个独立的小院中，庭前砌有湖石壁山，配以丛竹，环境幽静闲适，是弹琴习唱的地方。

五　房

《释名》云：房者，防也。防密内外以寝闼①也。

【注释】

①寝闼：卧室。闼，指卧室旁的小屋。

【解读】

房在古代建筑中是用于居住、接待客人和炊事的场所。《释名》上说："所谓房，就是防的意思。"意思是说，房指的是具有私密性的居住空间。而《说文》上说"房，室在傍者也"，指明了房在整个住宅建筑中的位置，即堂屋的后面、正室的左右两侧。

六 馆

散寄之居，曰"馆"，可以通别居者。今书房亦称"馆"，客舍为"假馆"①。

【注释】

①假馆：指临时居所。

【解读】

《说文》中对馆的解释为："馆，客舍也。"意思是说馆就是招待客人起居、宴饮的房间，是临时居所。在布局和装饰上，馆与厅堂的布置相似，并可以通向别的居所。后来人们有时也将书房、旅舍称为"馆"。园林中的馆通常在园中位置不甚显著，规模有大有小，体型、布置也较为灵活。江南园林中的馆一般规模不大，常与居住部分和主要厅堂有一定的联系。

苏州拙政园玲珑馆

拙政园玲珑馆位于中部园区的东南部，三开间，四面隔扇门窗。门窗棂格花纹全部为冰裂纹，与馆前地面上的冰裂纹相互呼应，共同表达了一种冰清玉洁的精神意味。

七　楼

《说文》云：重屋曰“楼”。《尔雅》云：陕而修曲①为“楼”。言窗牖虚开，诸孔慺慺然②也。造式，如堂高一层者是也。

【注释】

①陕而修曲：狭长而曲折。

②慺慺然：排列整齐的样子。

苏州拙政园见山楼

见山楼位于拙政园中部水池的西北角，是一座三面临水的楼阁，上下两层，楼体稳重、朴实。楼的东北角有曲桥与池岸相通，将楼与水、岸联系起来，便于游人登楼观景。

【解读】

中国古代建筑中的多层建筑称为“楼”。《说文》中记载：“楼，重屋也。”意思是说在房屋之上再建造房屋，叫作“楼”。《尔雅》中记载楼的建筑结构形式，就如同在堂之上再加高一层，但楼一般狭长而修曲，并不居于建筑群组中的主要位置。楼作为较早的建筑形式，在战国时期就出现了，并分为阙楼、市楼、望楼等多种样式，选址多为厅堂之后。

园林中的楼既是观赏风景的绝佳场所，往往也成为园中美景重要的组成部分。楼作为主景时，造型突出鲜明；如帝王宫苑中，常以楼作为构图中心，崇楼高阁，多重檐屋，轮廓造型丰富，金碧辉煌。楼也可作配景，半隐半现，如南方园林中的楼，尺度小巧，面阔三五间，歇山式或硬山式屋顶，朝向园内的一面装栏杆、长窗，山面白粉墙上辟洞门或设砖框漏花窗，虚实相映，轻快活泼。楼梯可设在室内，也可由室外假山云梯直达二层。

八　台

《释名》云：“台者，持也①。言筑土坚高，能自胜持也。”园林之台，或掇石而高上平者；或木架高而版平无屋者；或楼阁前出一步而敞者，俱为台。

【注释】

①持：支撑。

【解读】

台是中国最为古老的园林建筑形式之一，即凸起于地面、较为高耸的夯土建筑。人们常常在台上面修建其他建筑。正如汉代刘熙的《释名》上所讲，台，取其支撑之意思，不仅自身较为坚固，能够支撑起上面的其他

《瑶台步月图》陈清波（宋）

建筑，而且还起到了防御、防潮等作用，具有较大的实用性。而在园林建筑之中，台逐渐演变成用于观赏景色的露天平台，多为石砌、木材架构，上面平坦、开阔，并没有其他建筑。还有的在楼阁前面探出一步左右的宽度，并敞开，也称作“台”。

九 阁

阁者，四阿①开四牖。汉有麒麟阁②，唐有凌烟阁③等，皆是式。

【注释】

①四阿：指的是古建筑中的庑殿顶的四面。

②麒麟阁：汉武帝建于未央宫中的阁，专门用来供奉功臣。

③凌烟阁：唐太宗李世民为了纪念、表彰功臣而建造的阁。

苏州拙政园浮翠阁

浮翠阁建于西部土丘上，是一座平面八角形的双层建筑，下层南面有四扇落地长窗，其余三面为嵌有八角形玻璃窗的砖墙，整体造型高大轻盈。

【解读】

相对于楼来讲，阁是一种架空的多层建筑，造型比楼更为轻盈、通透，有四方、六角或八角的多边形，四周设置隔扇或者栏杆回廊，多用于远眺、游憩、藏书和供佛。汉代的麒麟阁、唐代的凌烟阁都属于这种建筑形式。园林中的阁多依山傍水而建，阁外往往有廊可接转其他建筑。

十 亭

《释名》云："亭者，停也①。亦人所停集也。"司空图有休休亭，本此义。造式无定，自三角、四角、五角、梅花、六角、横圭②、八角至十字，随意合宜则制，惟地图③可略式也。

【注释】

①停：停留。
②横圭：圭，古代的一种礼器，上尖下方，一般用玉制成。横圭，指的是亭子的平面好像横着放的圭。
③地图：平面图。

【解读】

《释名》上说：所谓亭，即为停留之意。亭主要建造在山、水、园林等可以远眺之地，主要用途是供人停留休息。唐代司空图在自己的庄园里建有一座"休休"亭，直取其意。后来亭发展出了纪念、交通、骑水、倚水等多种功能。亭的建筑结构小巧精致，上部为屋顶，下部多为柱子支撑，空间开放通透，便于人们一边休息一边观赏景色。

亭是园林中用得最多的游赏建筑，可休憩凭眺，遮阳避雨，也是园林风景的重要点缀。亭以造型小巧秀丽、玲珑多姿为特色，选材不拘，布置灵活，可建于山上、林中、路旁、水际，形式和比例因地而宜。亭一般不设门窗，柱间作半墙或平栏，设坐槛、鹅颈椅或栏杆，供人休憩。也有柱间作洞门或安门窗的。

园林中的亭形式多样，按平面形状分，常见的有三角亭、方亭、矩形亭、六角亭、八角亭、圆亭、扇面亭、梅花亭、套方亭；按屋顶形式分，有单檐亭、重檐亭、攒尖亭、盝顶亭、歇山亭；按所处位置分，又有桥亭、路亭、井亭、廊亭、碑亭等等。

北京景山周赏亭

景山的五座山峰上各有一亭，周赏亭是其中一座，属于重檐圆亭，亭顶铺蓝色琉璃瓦，造型优美，秀丽壮观。

苏州拙政园梧竹幽居亭

梧竹幽居亭位于拙政园中部景区的东北角，平面为方形，四角攒尖顶。亭的绝妙之处在四面白墙上的四个圆形洞门，站在亭内，可看到四幅花窗掩映、小桥流水的框景画面，意味隽永。

十一　榭

《释名》云:“榭者,藉也①。藉景而成者也。”或水边,或花畔,制亦随态②。

【注释】

①藉:借助

②随态:根据周边的环境。

【解读】

榭指的是建在高台或水面上的木结构建筑。在最初的时候,榭主要建在夯土高墩之上;到了唐朝之后,人们又将建于水面上及三面

苏州耦园山水间

山水间位于耦园东花园水池的南端,跨水而筑,飞檐翘角,取自欧阳修《醉翁亭记》中的“醉翁之意不在酒,在乎山水之间也”句。

临水的建筑称为“水榭”。榭一般为长方形，空间较为开放，多设窗扇，以供人们休息、眺望。《释名》上说：所谓的榭，即借助之意。意思是说榭在建造的时候，要结合周边的风景和意境，与周边的环境和谐共荣。除了设置在水边，人们也经常将榭建造在花间。

园林中最常见的水榭形式是在水边筑一平台，台周以栏杆围绕，湖岸通向水面的一边为敞口，平台上建起单体建筑，低矮扁平，造型轻巧，四面开敞通透或安装落地长窗。水榭有一面临水、两面临水、三面临水及四面临水等多种形式。临水平台有的是实心土台，水流只在四周环绕；也有的台下以石梁支撑，水流可流入部分甚至整个的建筑底部，形成水榭驾临碧波之上的效果。

十二　轩

轩式类车①，取轩轩欲举之意，宜置高敞，以助胜②则称。

【注释】

①轩式类车：轩字原义是古代马车前用来牵引驾驭的构件，形状向上拱起，后来引申为高仰、飞举的意思。

②助胜：为空间增加美感和意境。

【解读】

轩的样式与古代车辆的“轩”有类似之处，都有拱起、高翘飞举之意。作为一种建筑形式，轩的特点是明亮高敞，可以增加景物

苏州拙政园与谁同坐轩（图片提供：微图）

“与谁同坐”取自宋代大文豪苏轼的名句：“与谁同坐？明月、清风、我。”此轩位于曲水的转角处，平面为扇形，且屋面、轩门、窗洞、石桌、石凳及轩顶、灯罩、墙上匾额、鹅颈椅、半栏均为扇面形状，小巧精雅，别具一格。

的轩昂开阔之美。在园林中，轩有两种常见的形式，一种是在廊子中段局部加宽加高，背景一面用墙或隔断封闭，形成可供起坐的空间；另一种是将书房或客厅前面的敞廊适当加宽或抬高，可放置桌椅以供人休息。轩一般位于园中僻静处，造型朴实，多用匾额、对联点缀。

十三　卷

卷①者，厅堂前欲宽展，所以添设也。或小室欲异人字，亦为斯式。惟四角亭及轩可并之②。

【注释】

①卷：卷棚式屋顶。
②并之：兼用。

【解读】

卷，即卷棚式屋顶，又称“元宝脊”。为了增加厅堂前部空间的宽展感，建筑屋顶要舍弃传统“人”字形结构，而是将屋顶前后两片连接的地方做成弧形曲面，最初是为了迅速排水，后来渐渐发展成身份和地位的象征。卷的运用较为广泛，只要是四角亭和轩都可以建成这种弧形屋脊、四角飞檐的建筑形式。

北京恭王府花园诗画舫

十四　广

古云：因岩为屋曰“广”，盖借岩成势，不成完屋者为“广”。

【解读】

广为象形文字，其结构就像是一扇墙壁和一片屋顶。正如《说文》中所说：“广，殿之大屋也。”其建筑结构特点有三：其一，依据山崖而建；其二，屋顶多为单坡顶；其三，空间通透而无四壁。

苏州拙政园涵青亭（图片提供：微图）

苏州拙政园有一座涵青亭，倚南墙而立，为组合式的半亭，一主二副，呈凸字形排列。主亭平座挑出水面，两侧的副亭略向后缩，左右展开，四个檐角飞翘，似凤凰展翅欲飞，为原本单调的墙体增添了动势。

江南园林中常见的半亭，就是广的一种类型。半亭看起来像是一座亭子的一半，往往依靠屋墙、山石而建。比起完整的亭子，半山亭能更好地节约空间，同时丰富建筑景观。

十五　廊

廊①者，庑出一步也，宜曲宜长则胜。古之曲廊，俱曲尺②曲。今予所构曲廊，之字曲③者，随形而弯，依势而曲。或蟠山腰，或穷水际，通花渡壑，蜿蜒无尽，斯寤园之“篆云”④也。予见润之甘露寺⑤数间高下廊，传说鲁班所造。

【注释】

①廊：堂周围的廊屋。
②曲尺：量直角的尺子。
③之字曲：角度较为灵活的转弯。
④寤园之“篆云”：计成为汪士衡在江苏建造的私家园林，其中有一条廊叫作“篆云”。
⑤甘露寺：坐落在江苏省镇江市北固山上的一座寺庙。

【解读】

廊，最初指的是房檐下的过道，或有顶的通道，后来随着建筑的发展，逐渐发展成长廊、短廊、回廊、飞廊、半壁廊、复廊等多种形式，其基本功能是遮阳、挡雨、供人休憩。但是在中国建筑文化之

扬州何园楼廊

楼廊又叫“双层廊”“阁道”，多与楼阁相连。因其较高，视野更为广阔，可以欣赏到更多的园中景致。扬州何园的楼廊又称“串楼”，是连接住宅和花园的立体通道，几乎绕园一周，逶迤曲折，延伸不断。

苏州拙政园波形水廊

水廊临水或跨面而建，可分割水面，使景物若掩若现、空间半隔半透，增加水景的变化和层次，使人以水面开阔、水流不尽的感觉。苏州拙政园的波形水廊长达50多米，用山石作柱，空架在水面上，高低舒展，倒影空灵，十分优美。

中，廊具有更为深层次的用途。从外观上讲，不同形状的廊是不同风格建筑的重要组成部分。从空间布局上讲，廊不仅将室内和室外进行了自然的过渡，而且通过造型上的虚实变化，以及路线的引导规划，使得空间变得更加立体而富有意境。在计成之前，曲廊的转折多为直角，而计成汲取当年汪士衡寤园中所建的“篆云”曲廊，以及镇江甘露寺高下廊的设计灵感，依据地形的变化及景色变换而进行“之”字形婉转曲折，或随着山势扭转，或临水，或入花池沟壑，以造成蜿蜒幽深、变化万千的灵动韵味。

廊的形式有直廊、曲廊、波形廊、复廊；按其位置不同，则有沿墙廊、空廊、回廊、楼廊、爬山廊、水廊之分。

十六　五架梁

五架梁，乃厅堂有过梁①也。如前后各添一架②，合七架梁列架式③。如前添卷，必须草架而轩敞。不然前檐深下，内黑暗者，斯故也。如欲宽展，前再添一廊。又小五架梁，亭、榭、书房可构。将后童柱④换长柱，可装屏门，有别前后，或添廊⑤亦可。

【注释】

①过梁：建筑结构中的大梁。
②一架：指的是一根柱子和一根檩子。
③列架式：一片梁架的组合方式。
④童柱：立在梁上的矮柱。
⑤添廊：将童柱增长落地，就可以变成廊。

【解读】

五架梁指的是古建筑木构梁架中厅堂的大梁，是我国古代民用建筑最基本的结构形式。其位于三架梁下方，与三架梁平行，上面有瓜柱，承接着五根檩条。同理，七架梁则承接着七根檩条。根据建筑的规模，五架梁的位置也有所不同。若房屋面积较小，五架梁直接搁置在檐柱或金柱上；若房屋面积较大，五架梁则常搁置在瓜柱上。如果要在厅堂前搭建旁的建筑，使用五架梁就会影响采光，应当使用草架。如果想要扩大室内使用面积，就再在五架梁的前面增添廊轩结构。另外，还有小五架梁，主要用于亭、榭、书房的建造。在五架梁的结构上进行演绎，可以安装屏门来分割室内空间，也可以添建廊庑结构。

十七　七架梁

七架梁，凡屋之列架也，如厅堂列添卷，亦用草架。前后再一添架，斯九架列之活法①。如造楼阁，先算上下檐数。然后取柱料长②，许中加替木③。

【注释】

①活法：灵活的方式。
②柱料长：这里的柱子指的是楼阁的步柱。
③替木：加在梁枋上的小横木，是起拉接作用的辅助构件。

【解读】

七架梁就是在五架梁的结构基础上，前后再增添两根檩条的建筑结构。以此类推，再增加两根檩条即为九架梁。一般民用建筑经常使用七架梁这一结构。但若为了增加空间的高度和深度，配合以卷棚式的屋顶，就需要在此基础上使用草架了。在实际搭建楼阁的过程中，要通过上下檐的高度来确定步柱的长度，并在柱间梁端头使用替木，增加牢固度。

十八 九架梁

九架梁屋，巧于装折①，连四、五、六间②，可以东、西、南、北。或隔三间、两间、一间、半间，前后分为③。须用复水重椽，观之不知其所④。或嵌楼于上，斯巧妙处不能尽式，只可相机而用，非拘一者。

【注释】

①装折：装饰、装修。
②间：指的是进深方向的开间。
③前后分为：指的是前后两部分的结构不相同。
④观之不知其所：看上去不知道是同一个房顶。

苏州网师园殿春簃大厅的梁架结构

【解读】

在七架梁的基础上再加一层结构，承接九根檩条，就是九架梁。九架梁适合面积较大、需要隔间的房屋。在九架梁的基础上增添复水重椽结构，就可以在一个屋檐下不受方向和数量的限制，任意分割空间。九架梁甚至可以突破平面的束缚，利用立柱较多的条件往上增建阁楼。九架梁用途广泛，变化多样，可以根据具体情况进行改造和演绎。

十九　草架

草架，乃厅堂之必用者。凡屋添卷，用天沟①，且费事不耐久，故以草架表里整齐。向前为厅，向后为楼，斯草架之妙用也，不可不知。

【注释】

①天沟：两片屋顶纵向交汇形成的沟，做排水用。

【解读】

草架，是厅堂必须采用的建筑形式。如果在屋顶上添建敞卷，就需要排水系统，但是用排水沟排水的话，既费工时，而且还不坚固。草架结构就能解决这一问题，不止如此，还能使得整个建筑内外整齐统一。草架结构较为灵活，如果建在前面就可以做成厅堂，如果在后面就可以建成阁楼。

二十　重椽

重椽，草架上椽也，乃屋中假屋①也。凡屋隔分不仰顶②，用重椽复水可观③。惟廊构连屋，构倚墙一披而下④，断不可少斯。

【注释】

①假屋：这里指假屋顶。
②仰顶：天花板。
③可观：视觉比较美观。
④构倚墙一披而下：廊依着墙建造，只有单坡顶。

【解读】

重椽，指的是搭建在草架上的椽子。有些建筑并没有做天花板，但为了遮掩住房顶并不对称的三角形房顶，就在草架上搭建重椽，制作一顶两面对称的假屋顶，从而达到视觉上的美观。与廊相连的房屋以及靠着岩壁墙体的单坡顶房屋，都比较适合重椽复水这种建筑形式。

二十一　磨角

磨角①，如殿阁躐角也。阁四敞及诸亭决用②。

如亭之三角至八角，各有磨法，尽不能式，是自得依番机构③。如厅堂前添廊，亦可磨角，当量宜。

【注释】

①磨角：墙的转角。
②决用：必须使用。
③机构：精巧构思设计。

【解读】

磨角，指的是外墙转角的建筑方法。计成认为，阁与亭这种较为开放且形状较为复杂的空间，以及厅堂正对面的廊的转角，都需要使用这样的建筑方法。只不过根据建筑的不同，以及转角角度的不同，建筑的方法也略有差别，需要设计者精心构思才行。

苏州怡园小沧浪亭（六角亭）

二十二　地图

凡匠作，止能式屋列图①，式地图者鲜矣。夫地图者，主匠之合见②也。假如一宅基，欲造几进，先以地图式之。其进几间，用几柱着地，然后式之，列图如屋。欲造巧妙，先以斯法，以便为也。

【注释】

①式屋列图：房屋的列架图。

②主匠之合见：建筑的设计、主持者的想法和设计构思能够被工匠所理解。

【解读】

地图使得建筑施工从感性跨越到理性。在古时候，人们施工大多凭借房屋列架图，但能够准确绘制出施工平面图的人寥寥。而在实际施工过程中，一份准确的施工平面图是非常必要的。所谓平面图，就是用图画、文字以及符号等方式，对建筑整体规划布局进行诠释，表现出建筑的组织架构、空间分割、流线组织、门窗位置等内容。这是设计师的创作体现，也是工匠施工的重要依据。可以说，若想将建筑精确、细致地建造出来，就必须先测绘出一份精确的施工图纸。

◎ 屋宇图式

五架过梁式

前或添卷，后添架，合成七架列。

【解读】

在五架梁前添建敞卷，或在后面添建檩条，就变成了七架列式。

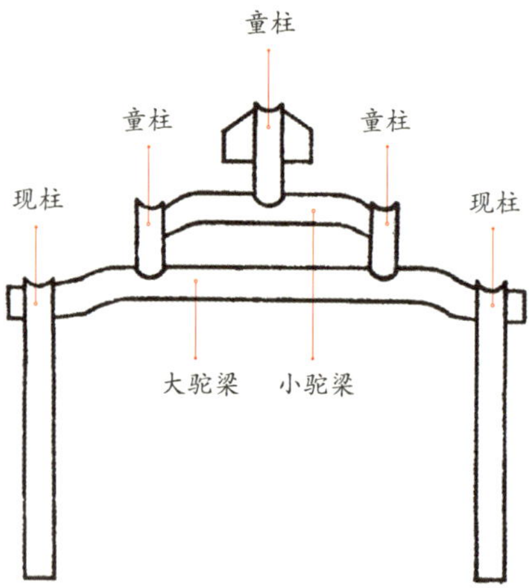

五架过梁式

草架式

为厅堂前添卷，须用草架，前再加之步廊，可以磨角。

【解读】

在厅堂前面增建敞卷，必须要使用草架结构。如果还要再往前增建步廊，那么步廊与厅堂墙壁转角的地方需要用磨角处理。

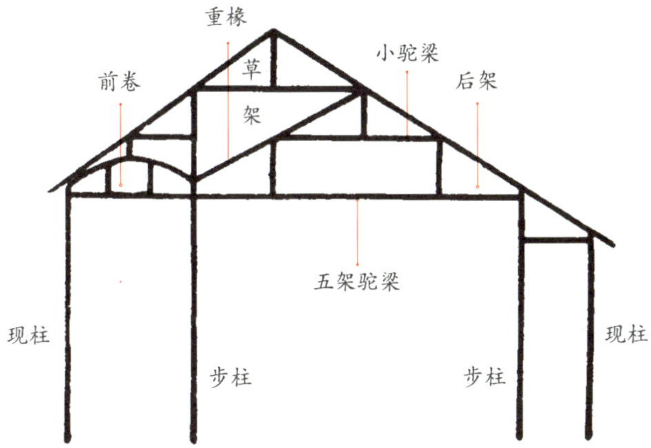

草架式

七架列式

凡屋以七架为率。

【解读】

一般房屋都以七架梁为标准。

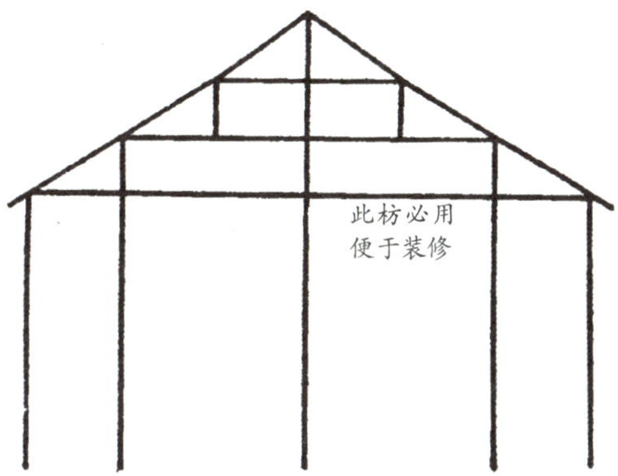

七架列式

七架酱架式

不用脊柱①，便于挂画②，或朝南北，屋傍可朝东西之法。

【注释】

①脊柱：支撑脊檩的矮柱。
②便于挂画：中国古代建筑外墙的柱子有一半突出于墙面，使得墙面不平整。便于挂画意思是说柱子没有落地，墙面较为平整。

【解读】

七架梁的脊柱不落地，墙面较为平整，适合悬挂字画。房间坐北朝南时，将门开在山墙上，就可以改变朝向，变成东西朝向。

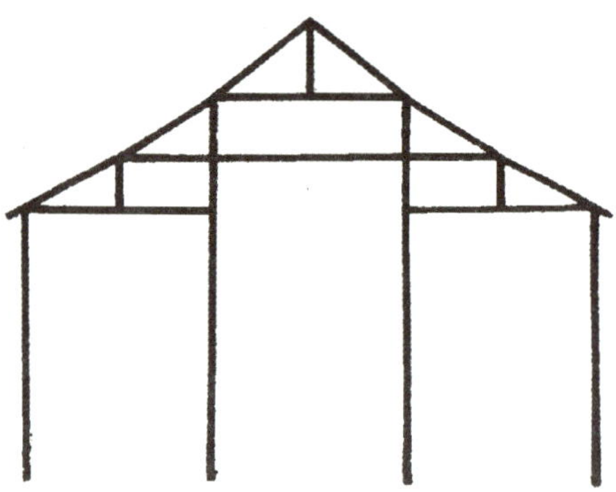

七架酱列式

九架梁式

此屋宜多间，随便隔间，复水或向东、西、南、北之活法。

【解读】

这种结构可以根据进深以及实际需要做成隔间。屋顶用复水重椽做出假屋顶。隔间的大小与朝向没有明确规定。

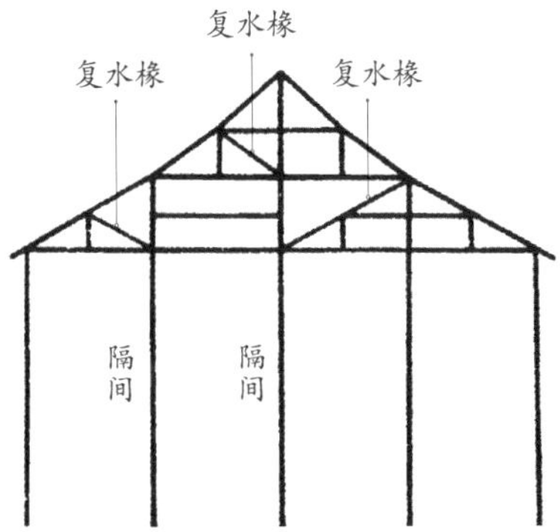

九架梁五柱式

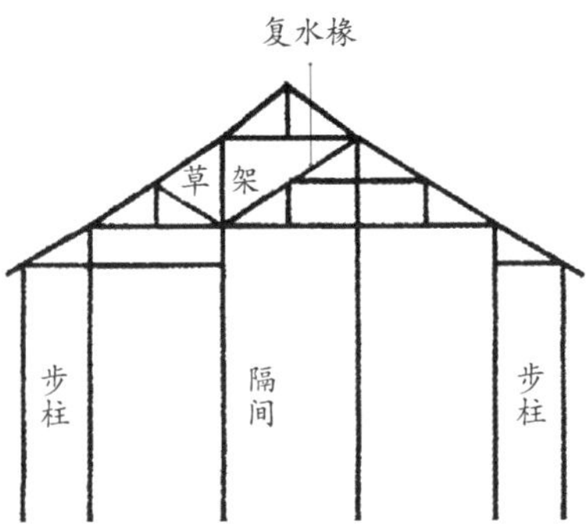

九架梁六柱式

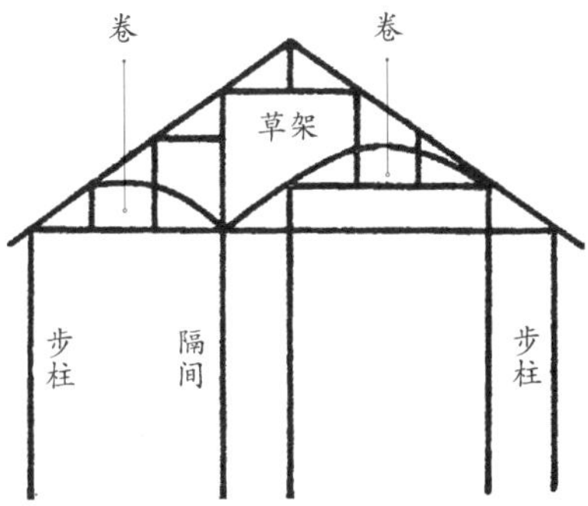

九架梁前后卷式

小五架梁式

凡造书房、小斋或亭，此式可分前后。

【解读】

小五架梁的结构多用于书房、斋和亭子。其中可以在后童柱上安装屏门，既美化空间，又可以将房间分为前后两部分。

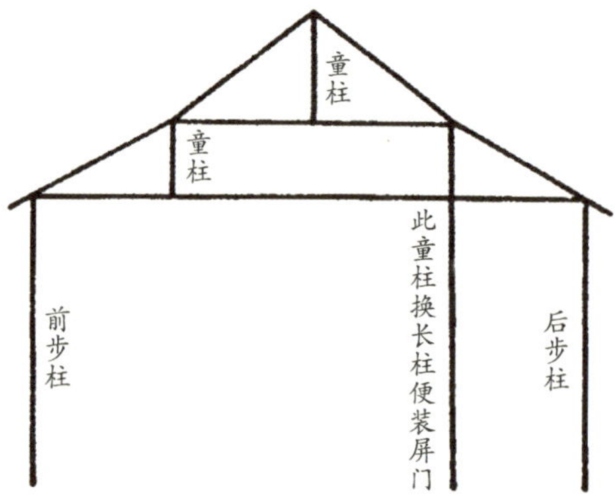

小五架梁式

地图式

凡兴造，必先式斯。偷柱①定磉，量基广狭，次式列图。凡厅堂中一间宜大，傍间宜小，不可匀造。

【注释】

①偷柱：减柱法，即减少落地柱子的数量。

【解读】

建造房屋，必须先绘制图纸。要根据地基的实际尺寸，运用减柱法来确定每一根柱子的位置。每个柱子的位置并不是均匀分布的，如厅堂就要求开间大一些。

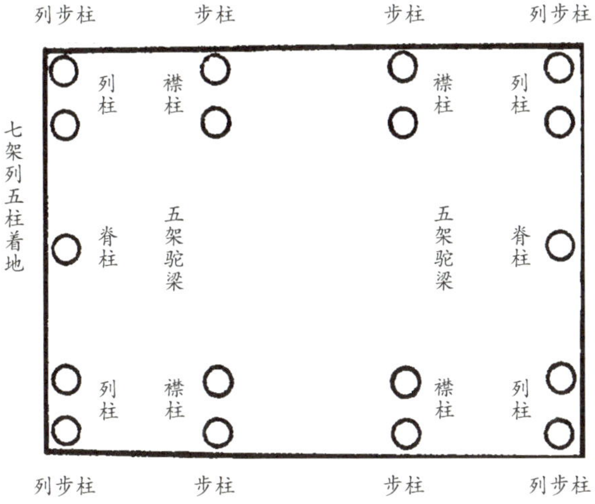

地图式

梅花亭地图式

先以石砌成梅花基①，立柱于瓣，结顶合檐②，亦如梅花也。

【注释】

①梅花基：平面为梅花形状的地基。

②结顶合檐：结顶，将每一片坡顶结合在一起，形成钻尖顶。合檐，将檐口连起来形成一片完整的屋盖结构。

【解读】

所谓梅花亭，顾名思义，亭子的横切面如同梅花花瓣一般。在施工过程中，先将地基砌成梅花的形状，然后将柱子置于花瓣边缘最中央的位置。如此一来，结顶合檐，亭子的顶部也如同梅花花瓣一般了。

梅花亭地图式

十字亭地图式

十二柱四分而立①，顶结方尖②，周檐亦成十字。

诸亭不式，惟梅花、十字，自古未造者，故式之地图，聊识其意可也③。斯二亭，只可盖草。

【注释】

①四分而立：以正方形为中心，四面皆连接相同正方形，所形成的图案按照外轮廓立柱子。
②顶结方尖：亭顶做成攒尖顶。
③聊识其意：大概了解意思。

【解读】

所谓“十字亭”，就好像“十”字的形状一样，由十二根柱子以四等分立于墙面的转折点上。亭子的顶部为方尖形，四周的屋檐为十字形。亭的样式多种多样，只有梅花和十字这两种造型之前无古人造过。计成首创并绘制成平面图，供后人参考。他又提出，这两种亭子的顶部结构较为复杂，砖瓦恐不合时宜，茅草最佳。

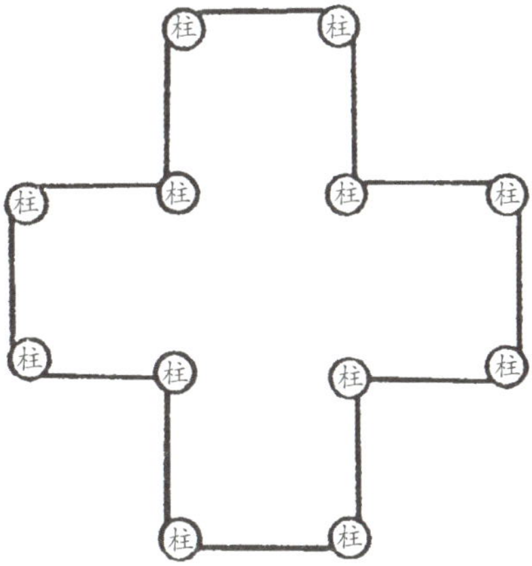

十字亭地图式

北京故宫御花园千秋亭

故宫御花园内的千秋亭建于明嘉靖十五年（1536年），平面呈十字形，是由一座方亭四面各出抱厦形成，重檐屋顶上圆下方，取自“天圆地方”的古代明堂形制，造型十分精美。

装折

凡造作难于装修，惟园屋异乎家宅，曲折有条①，端方非额②，如端方中须寻曲折，到曲折处环定端方，相间③得宜，错综为妙。装壁④应为排比，安门分出来由。假如全房数间，内中隔开可矣。定存后步一架⑤，余外添设何哉？便径他居，复成别馆。砖墙留夹⑥，可通不断之房廊；板壁常空，隐出别壶之天地⑦。亭台影罅，楼阁虚邻。绝处犹开，低方忽上。楼梯仅乎室侧，台级藉矣山阿。门扇岂异寻常，窗棂遵时各式。掩宜合线，嵌不窥丝。落步栏杆，长廊犹胜，半墙户槅，是室皆然。古以菱花为巧，今之柳叶生奇⑧。加之明瓦⑨斯坚，外护风窗⑩觉密。半楼半屋，依替木不妨一色天花；

藏房藏阁，靠虚檐无碍半弯月牖。借架高檐，须知下卷。出幙若分别院，连墙拟越深斋。构合时宜，式征清赏。

【注释】

①有条：调理。
②额：整齐、呆板。
③相间：互相间隔的空间。
④装壁：安装壁板。
⑤后步一架：房屋后面添建廊庑。
⑥砖墙留夹：山墙与院墙之间留有空间。
⑦壶之天地：形容以小见大。
⑧菱花、柳叶：均指菱花、柳叶形状的木格子。
⑨明瓦：用牡蛎壳制成的半透明的片状物，镶嵌在窗户上，增加采光。
⑩风窗：窗户外面的护窗。

【解读】

装折，亦称“装修”。在这一部分，计成再一次大篇幅阐述强调了“留夹”的理念。所谓“留夹”就是在园林设计之中，要留出一定的富裕空间。具体来说，就是建造房屋地基的时候要多出半间的余量；房间后面要保留一些空间可以做余轩，也可以辟出来一条小径通往别处，也可以再建造其他的庭院斋馆；在山墙与院墙之间要留出可以行走的巷子，墙壁外也要留出空间；楼阁也应该留出空间，让人有“柳暗花明又一村”的惊喜。园林的设计之所以处处都要“留夹”，主要是因为园林与住宅的本质区别。中国建筑讲究的是整齐方正。而园林若处处方正就会显得呆板而无趣。因此在行止有度的基础上，园林应该在整齐的基础上变化无穷，巧妙利用空间，造成“深奥曲折，通前达后”的感觉，使其从中透出幽、雅、闲的天然之趣。而“留夹”就成为了这场视觉魔术盛宴必不可少的“道具”。园林除了布局合理有法，在一些装折上也有所定式。如屏窗间壁应讲究对称排列，门与洞的设置要符合建筑的动线。楼梯要在房间旁侧架设，门窗关上时不能有任何缝隙，要保证密闭性。台阶上安装的栏杆要与长廊连接在一起，半墙之上安装短槅等。这些定式不仅是园林设计中需要做到的，其他类型建筑也都应遵循此理。如果想要在这些定式之中加入一些巧妙的创意，就可以在样式上做文章。如窗棂可以选择柳叶式图案，并在外设置风窗；半楼半屋建筑的天花可以和梁的颜色相统一；较为幽深建筑的窗户可以改造成半月形；屋檐较高的建筑可以添建敞卷……不一而足。这些微小却灵活的创意会平添些意趣，让人心旷神怡。

一　屏门

堂中如屏列而平者，古者可一面用，今遵为两面用，斯谓“鼓儿门”也。

【解读】

屏门又称“鼓儿门”，是分隔内外院或正院、跨院的门板。其多装于屋檐内外侧的柱子上、庭院的随墙门上，通常为一组，

苏州拙政园卅六鸳鸯馆

苏州拙政园的卅六鸳鸯馆属于鸳鸯厅，厅内以屏门隔为南北两部，北部名“卅六鸳鸯馆”，因厅前水中饲养36只鸳鸯而得名；南部称“十八曼陀罗花馆”，因馆前栽植数株山茶花（又名曼陀罗）而得名。

主要起隔断作用。屏门的样式好像屏风一样，正背面都可以供人观看，故装饰性的花纹繁多，上部多为几何图形与雕花相结合，下部多雕刻山水图案。为增加房屋的通透感，屏门还经常镶嵌玻璃，增强采光。

二　仰尘

仰尘即古天花板也。多于棋盘方空画禽卉者类俗，一概平仰为佳，或画木纹，或锦，或糊纸，惟楼下不可少。

【解读】

仰尘，也就是古时候的天花板。中国建筑对天花板的装饰十分看重，经常将天花板分隔成棋盘一样的方格，或者在最显眼的位置做一个凹陷部分，即藻井，并装饰以花纹图案，绘制飞禽鸟兽。而计成认为这样的装饰方法过于庸俗，最好能在装饰材料上下功夫，或绘上木纹，或裱上锦帛，或用纸糊，并做平面结构。

古代建筑的天花板大致可分为硬天花和软天花两类。硬天花等级较高，又叫“井口天花”。其做法是用小方木条横竖相交成方格网状龙骨，四周搭在梁枋处的贴梁上，每块方格中镶嵌一块薄木板，然后饰以彩画。井口天花多见于皇家园林的建筑中，讲究的宫殿建筑连走廊中也采用，如北京北海公园琼岛的走廊。南方私家园林则很少使用。

软天花又叫海墁天花，其表面平坦，没有肋条，用木板做成，或是在较小的房间内架一个完整的框架，上面安木板或糊纸，然后在天花的表面直接进行简单的彩绘。因大多是整间屋子的顶部绘画连成一个整体，所以称“海墁”。在风格上，海墁天花以浅色为主，显得淡雅亲切。

故宫乾隆花园古华轩天花

北京故宫乾隆花园古华轩内的天板用优良的楠木做成，方格内为精细的卷草花卉图案，雕刻细腻，十分精美，是园林建筑天花装修中最华美精致的一种。

三 户槅

古之户槅①，多于方眼而菱花者，后人减为柳条槅②，俗呼“不了窗”也。兹式从雅，予将斯增减数式，内有花纹各异，亦遵雅致，故不脱柳条式。或有将栏杆竖为户槅，斯一不密③，亦无可玩④，如棂空⑤仅阔寸许为佳，犹阔类栏杆风窗者去之，故式于后。

【注释】

①户槅：指的是木条做成的格子或者器物上的隔板。这里指当作门来使用的槅扇。

②柳条槅：柳条样式的格子。

③不密：栏杆上的格子较为稀疏宽大。

④玩：欣赏，玩味。

⑤棂空：窗户上格子间的缝隙。

【解读】

户槅的样式在最初时为方孔套菱花，后来人们将其改造成柳条样式的格子，俗称“不了窗”。计成在户槅的样式上做了创新，首先是增加了格子，将每一个格子的间距控制在一寸左右。这样不仅增加了户槅的样式，而且便于糊纸，既保留了户槅的观赏价值，又保证了其实用价值。

户槅又称“隔扇”，大致由格心、绦环板、裙板几个部分组成。上部镂空，起到通风采光的作用，下部的木板又能遮挡视线，

苏州沧浪亭明道堂的槛窗与隔扇门

保持室内温度。园林建筑中使用隔扇门，又可起到框景、漏景等作用，为室内观景提供了很好的角度。隔扇的样式与裙板上的图案非常丰富。园林中殿堂、轩榭、楼阁等建筑本身的门多为木构隔扇门。

江南地区多雨潮湿，因此南方园林建筑中的隔扇格心部分做得很大，增强通透性，保持室内通风。江南建筑虽以精致玲珑为胜，但其外檐装修保持着清雅朴素的风格，隔扇装饰很少用人物、动物、花卉等繁琐的图案，而多用简洁的几何纹样，以得自然之趣。还有的隔扇不设绦环板和裙板，完全以格心的形式出现，上下都能透光，称为“长窗”或“落地明造”，虽然透光性好，但牢固性和密闭性较差，只在江南建筑，尤其是江南园林中出现。如苏州拙政园远香堂内，四面装透明玲珑的玻璃落地长窗，规格整齐，站在堂内，四周山水景物尽收眼底。

四　风窗

风窗，槅棂之外护，宜疏广减文①，或横半，或两截推关②，兹式如栏杆，减者亦可用也。在馆为“书窗”，在闺③为“绣窗”。

【注释】

①疏广减文：稀疏宽阔，简约质朴。
②推关：开关窗子的方式。
③闺：内室。

【解读】

风窗，起源于汉代。当时的窗户多安装在墙中，有的在墙洞之外或者外墙披多安装一层窗户，叫作“风窗”。风窗主要起到通风、防护的作用，因此它的格子较为稀疏宽大，花式也较为简单。有的甚至直接做成上下两截的支摘窗，以实用为主。随着样式和使用地点的不同，风窗也有不同的叫法，古代的风窗以相互交叉为隔断，因此称之为“交窗”，而使用在书房的风窗称为“书窗”，闺房的风窗则称为“绣窗”。

◎ 装折图式

长槅式

古之户槅棂板①，分位定于四、六者，观之不亮。依时制，或棂之七、八，板之二、三之间。谅②槅之大小，约桌几之平高，再高四五寸为最也。

【注释】

①棂板：棂，窗棂。板，裙板。
②谅：衡量。

【解读】

古时候窗的棂空与裙板的比例大概为四六分，这样的比例不利于采光。现在棂空与裙板的比例大概到了七三分或者八二分。要依据槅窗的大小，裙板的高度大概跟案几差不多高度，最高不得高于四五寸。

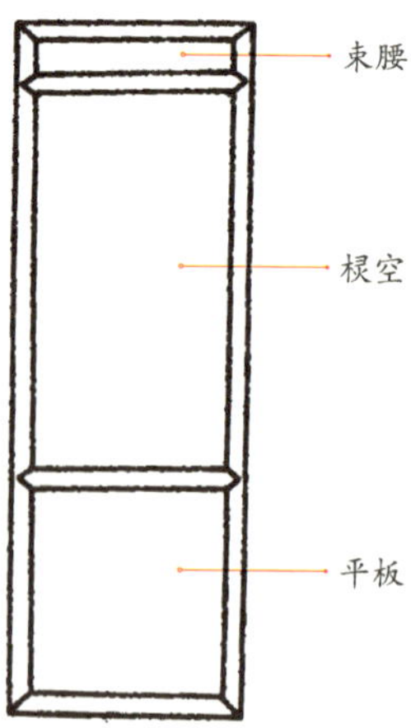

长槅式

短槅式

古之短槅，如长槅分棂板位者，亦更不亮。依时制，上下用束腰①，或板或棂可也。

【注释】

①束腰：窗扇上的横档。

【解读】

古时候的短槅窗，若是棂空与裙板的比例和长槅窗一样，室内的采光就会更差。现在的做法是在槅窗的上下两端用束腰，中间部分可以做成裙板或棂空。

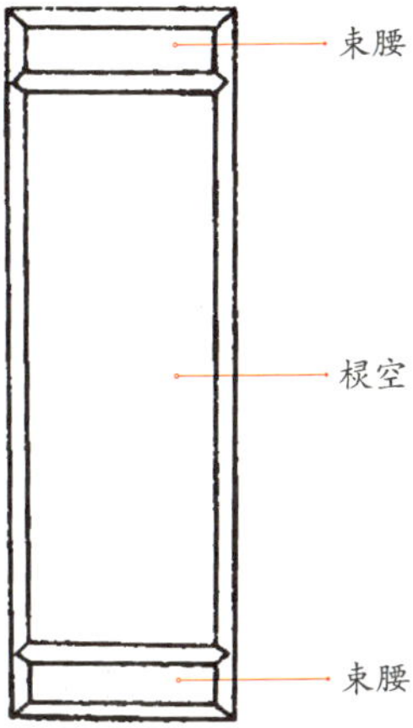

短槅式

◎ 槅棂式

户槅柳条式

时遵柳条槅，疏而且减，依式变换，随便摘用。

【解读】

现时流行的柳条式户槅，格子疏朗，图案简洁，可以在此基础上进行灵活的演绎变化，使用起来相当方便。

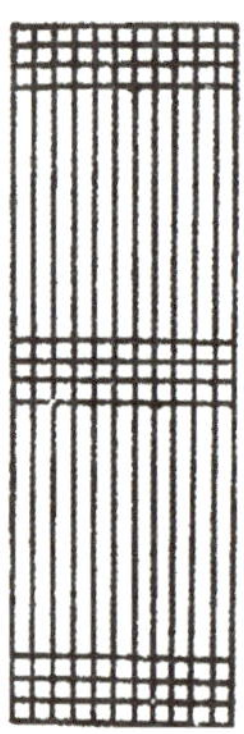
户槅柳条式之一

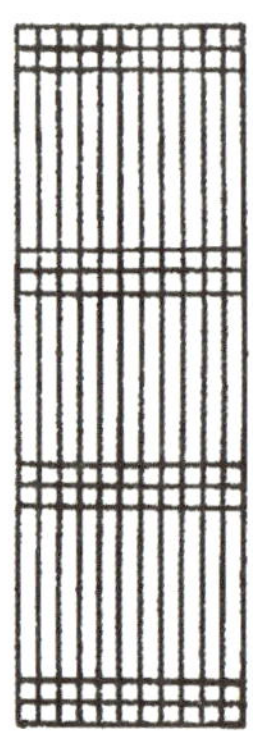
户槅柳条式之二

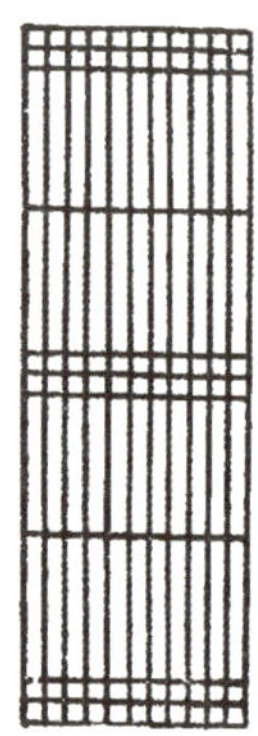
户槅柳条式之三

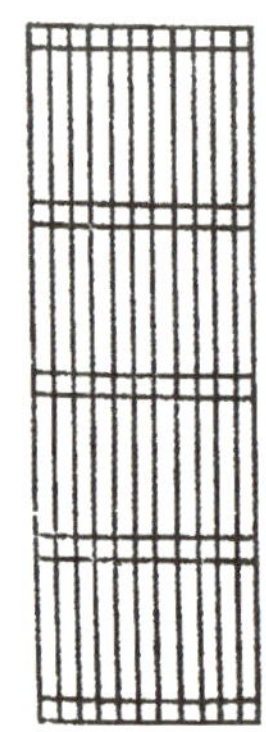
户槅柳条式之四

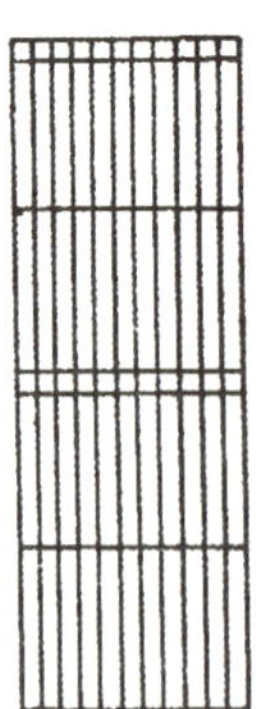
户槅柳条式之五

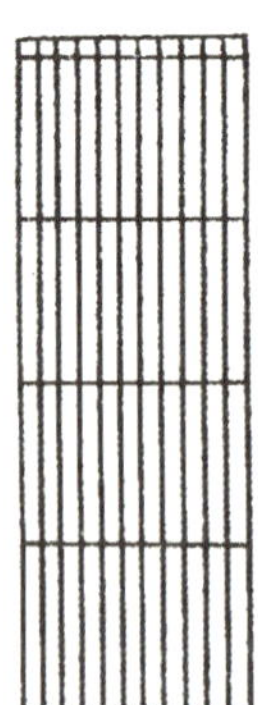
户槅柳条式之六

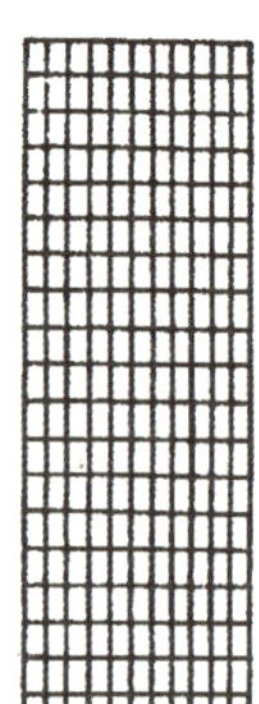
户槅柳条式之七

户槅柳条式之八

户槅柳条式之九

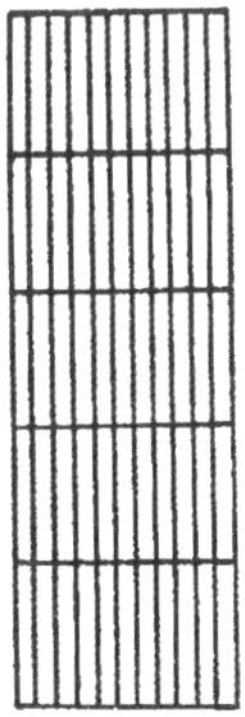
户槅柳条式之十

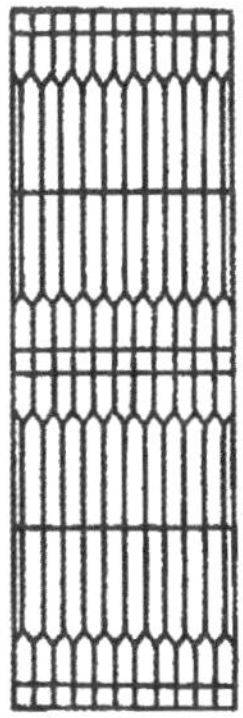
柳条变人字式之一

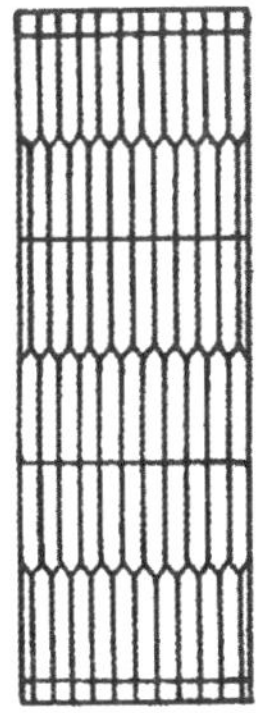
柳条变人字式之二

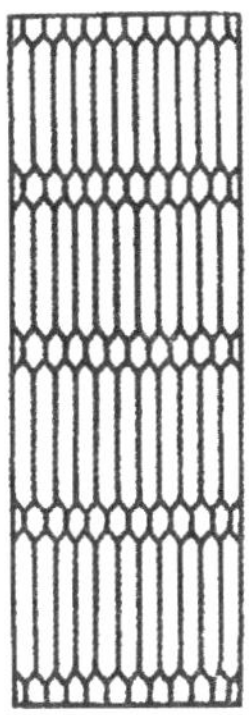
人字变六方式之一

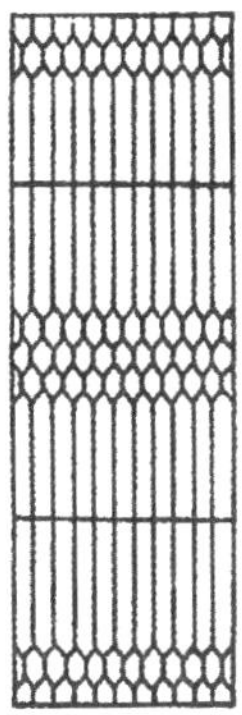
人字变六方式之二

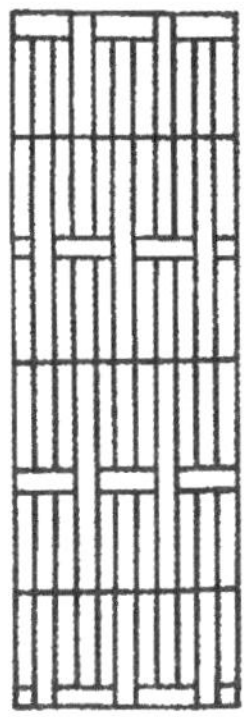
柳条变井字式之一

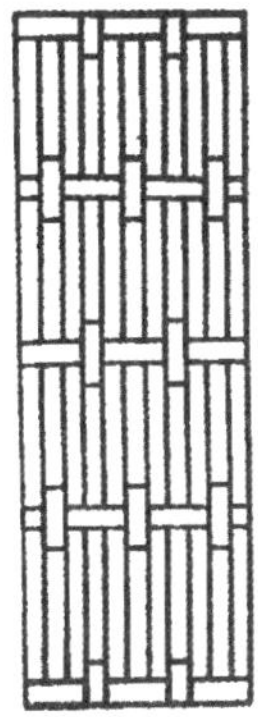
柳条变井字式之二

柳条变井字式之三

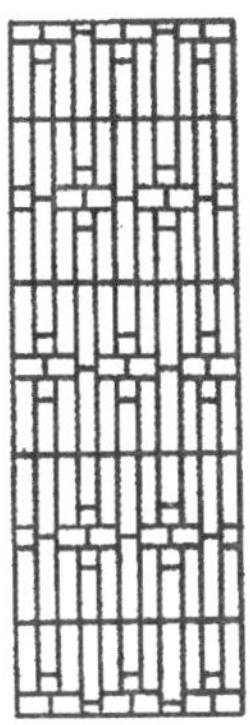
井字变杂花式之一

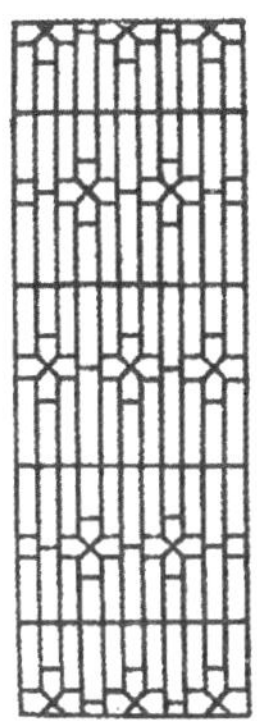
井字变杂花式之二

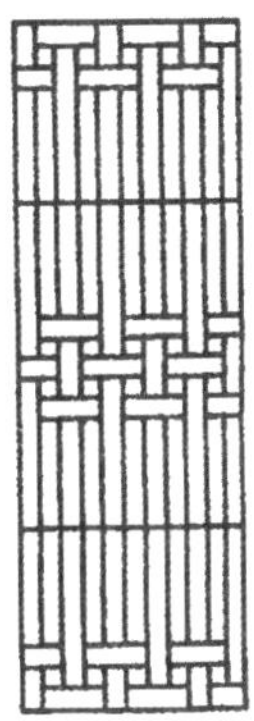
井字变杂花式之三

井字变杂花式之四

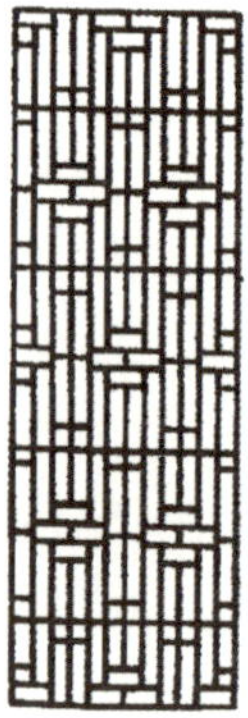

井字变杂花式之五

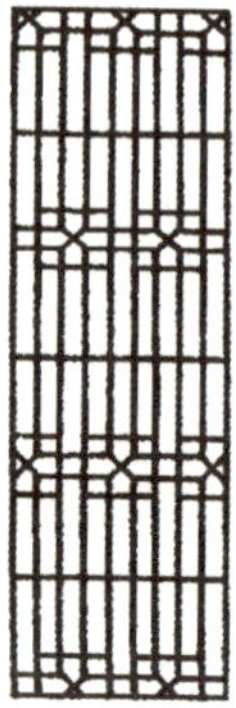

井字变杂花式之六

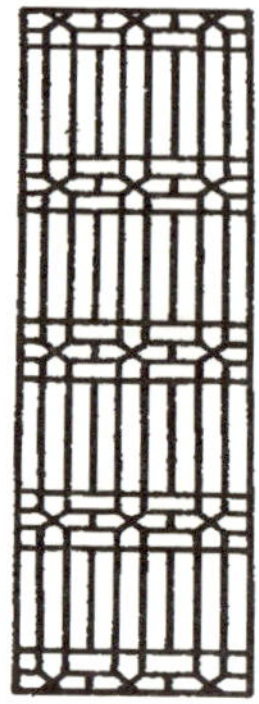

井字变杂花式之七

井字变杂花式之八

井字变杂花式之九

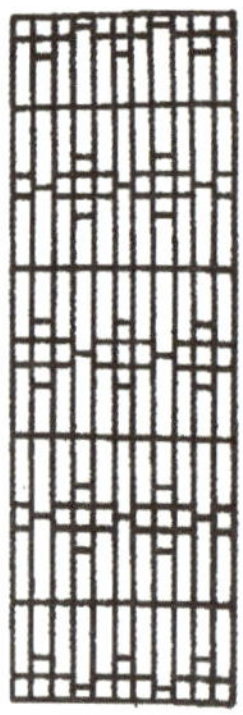

井字变杂花式之十

井字变杂花式之十一

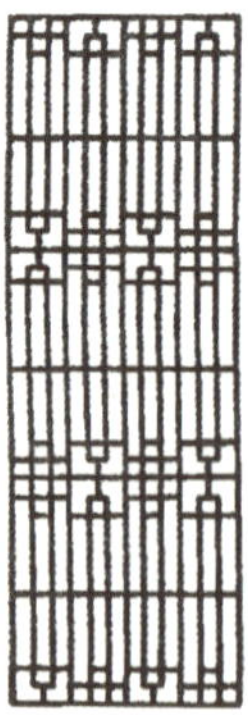

井字变杂花式之十二

井字变杂花式之十三

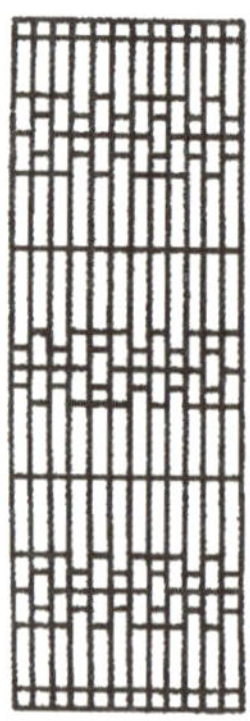

井字变杂花式之十四

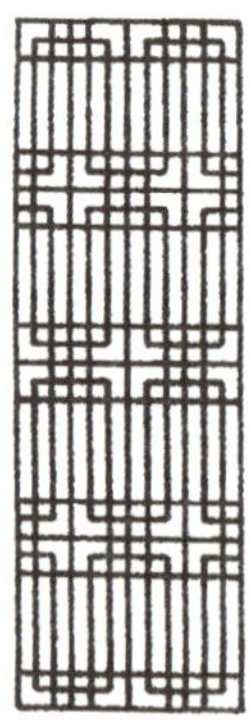

井字变杂花式之十五

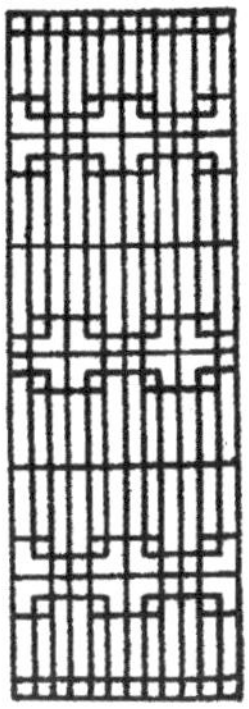

井字变杂花式之十六

井字变杂花式之十七

井字变杂花式之十八

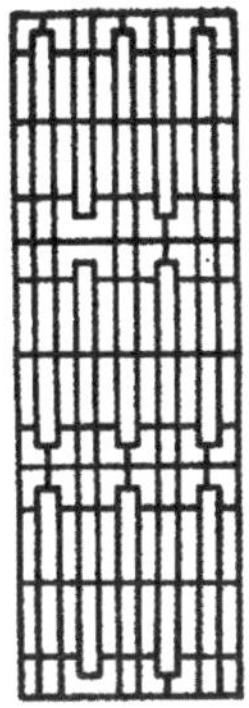

井字变杂花式之十九

井字变杂花式之二十

井字变杂花式之二十一

玉砖街式之一

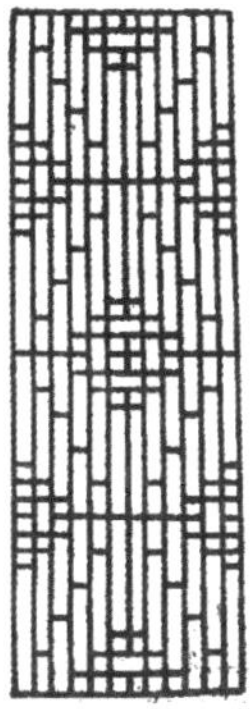

玉砖街式之二

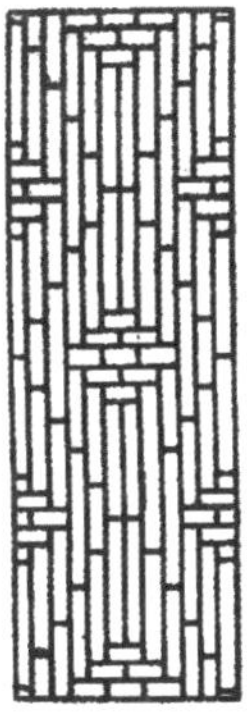

玉砖街式之三

玉砖街式之四

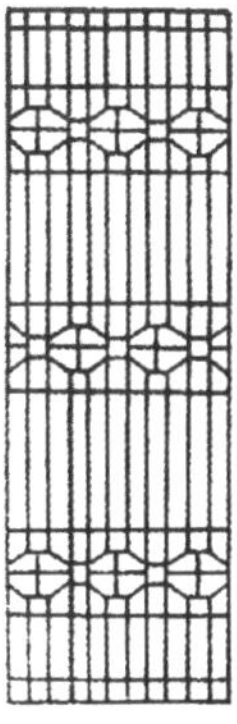

八方式

束腰式

如长槅欲齐短槅并装，亦宜上下用。

【解读】

如果长槅与短槅并列安装，要想在视觉上显得整齐统一，就要在长槅上使用束腰。

束腰式之一

束腰式之二

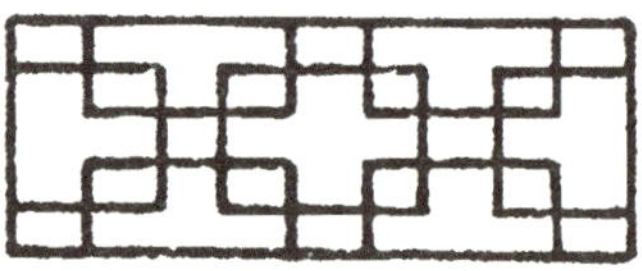

束腰式之三

束腰式之四

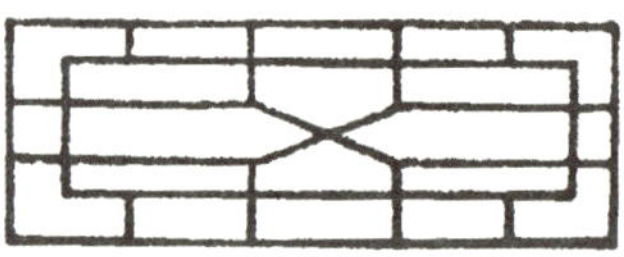

束腰式之五

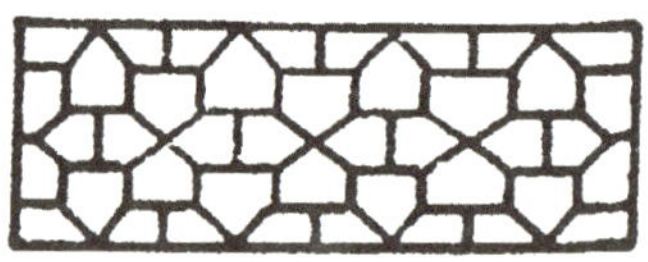

束腰式之六

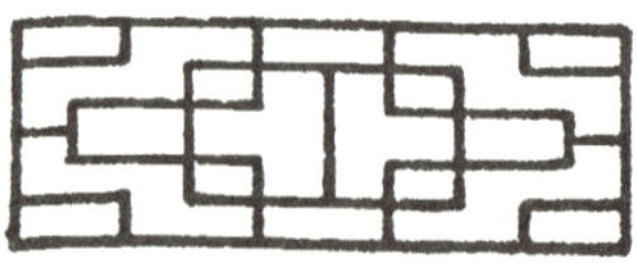

束腰式之七

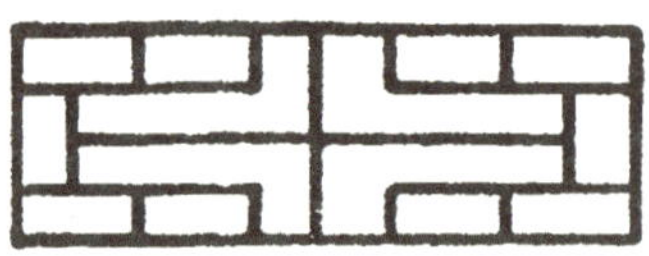

束腰式之八

风窗式

风窗宜疏，或空框糊纸，或夹纱①，或绘，少饰几棂②可也。检栏杆式中，有疏而减文，竖用亦可。

【注释】

①夹纱：双层窗棂，将薄纱固定在中间。
②棂：做格子的细木条。

【解读】

风窗主要是用来保护窗户以及便于通风。因此风窗的格子应该较为稀疏，花式简单为宜。可以在窗框上糊纸，或者夹上一层薄纱，或者绘上图案，少做一些棂条即可。甚至格子稀疏、图案简单的栏杆样式，立起来也可以当风窗使用。

风窗式之一

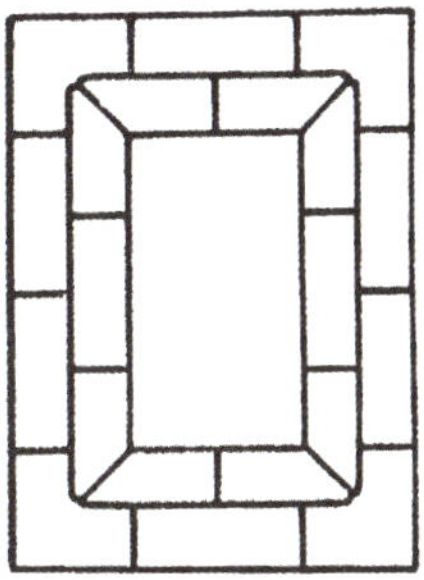

风窗式之二

冰裂式

冰裂惟风窗之最宜者，其文致减雅，信画如意，可以上疏下密之妙。

【解读】

冰裂花纹是最适合做风窗的图案。它的纹理雅致精细，还可以随手绘画，结构最好是上面稀疏下面紧凑。

冰裂式

两截式

风窗两截者，不拘何式，关合如一为妙。

【解读】

两截式的风窗，不管是什么图案和式样，只要上下窗户关闭起来能够如同一体就可以了。

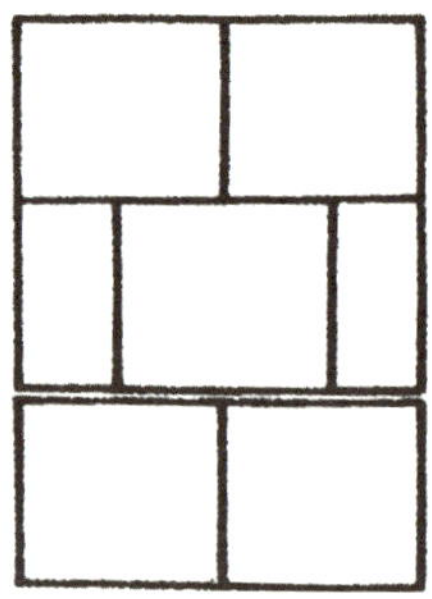

两截式

三截式

将中扇挂合上扇，仍撑上扇不碍空处。中连上，宜用铜合扇①。

【注释】

①铜合扇：铜质的铰链。

【解读】

如果风窗分为三部分，那么开窗的时候要将最上面的部分撑开，

三截式

中间部分折下去，这样才能不占空间。为了坚固耐用，中间部分与上面的连接最好使用铜铰链。

梅花式

梅花风窗，宜分瓣做。用梅花转心于中，以便开关。

【解读】

梅花式的风窗，每一扇花瓣都应该分开独立制作。然后将梅花形的转心安在风窗中心，这样窗户就可以开闭自如了。

梅花式

梅花开式

连做二瓣，散做三瓣，将梅花转心，钉一瓣于连二之尖，或上一瓣、二瓣、三瓣，将转心向上扣住。

【解读】

梅花开式的风窗主要分为上下两部分。上面部分是三朵分别独立的花瓣。下面部分是两朵连在一起的花瓣，将转心安装在相连的两朵花瓣的尖部，数量随意。安装好之后将转心向上旋转扣住，就可以固定了。

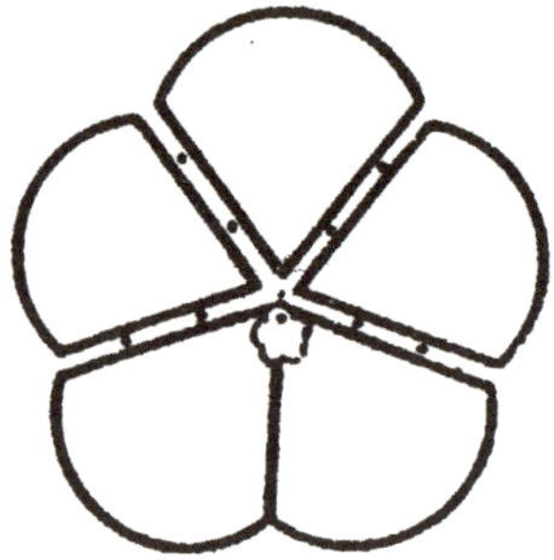

梅花开式

六方式

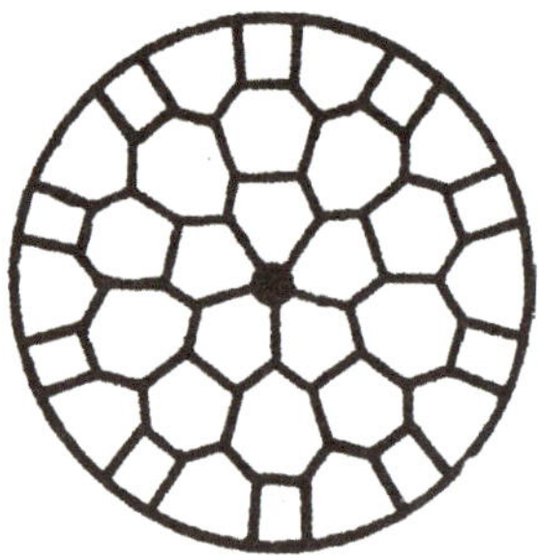

圆镜式

卷二

栏杆

栏杆信画化而成，减便为雅。古之回文万字①，一概屏去，少留凉床②佛座之用，园屋间一不可制也。予历数年，存式百状，有工而精，有减而文，依次序变幻，式之于左，便为摘用。以笔管式为始，近有将篆字③制栏杆者，况理画不匀，意不联络④。予斯式中，尚觉未尽，仅可粉饰。

【注释】

①回文万字：回文，以“回”字形成的首尾相连的图案。万字，卍字图形。
②凉床：夏天使用的床。
③篆字：篆字形体做成的装饰性花纹。
④意不联络：线条或者图案缺乏联系。

故宫御花园乐寿堂游廊的坐凳栏杆

【解读】

栏杆，指的是建筑台基、踏道、平座楼梯边沿或两侧带有扶手的围护结构，竖为栏，横为杆。园林栏杆的材质多种多样，石、木、竹、铁皆可选用。

早在六七千年前的浙江余姚河姆渡原始建筑遗址中就已出现了栏杆，殷周时期的青铜器上也常可见到木栏杆的形象，汉代明器及画像砖中已出现了卧棂栏杆、寻杖栏杆及栏板栏杆。

栏杆一般分为两个部分，埋在地下的部分称作“埋深”，露出地面的部分称为“台明”。按照高度，栏杆可以分为栏杆、半栏、矮栏。其主要作用一是保护行人，二是明确空间边界，三是装饰美化。栏杆多为长形、连续性构造，而且样式重复性高，因此以简朴易制为雅，既要结构均匀，又要与周边环境相和谐。古时候人们常用回文和“卍”形样式的栏杆，现在这类样式除了用于凉床和佛座之外，已经较为少见。计成在从事建筑工作年间，

北海永安桥汉白玉寻杖栏杆

对于栏杆花样已经积累了数百种样式，特地记录下来，供后人参考、变化、完善。

《园冶》中记载的栏杆样式多为木制栏杆，除此之外，园林中石制栏杆也十分常见。最初的石栏杆只具矮墙性质，后逐渐出现仿木结构的石栏杆，《营造法式》所载的重台勾栏及单勾栏就是模仿木制的寻杖栏杆。园林中石栏杆主要是沿水面的护栏及桥栏。石栏的栏板及望柱雕镂精细，常见龙、凤、狮，水浪云纹等。一般园林做法简单，常使用石坐栏杆，只是在矮石柱上架设长长的条石，这种简洁的形式与园林的山水景致非常谐和，有一种自然而平易近人的气氛。有些园林的小石桥上还可见一种木石并用的栏杆，以石为望柱，柱身开有卯眼，用两三条横木架于柱间，发挥了木石各自的材料特性，在形象上也显得玲珑轻巧。园林的果圃花坛边还有使用竹子、树木枝干为栏杆的，大多视周围环境及园景而定，很有自然朴质的山林野趣。

◎ 栏杆图式

笔管式

栏杆以笔管式①为始，以单变双，双则如意变化。以次而成，故有名②。无名③者恐有遗漏，总次序记之。内有花纹不易制者，亦书做法，以便鸠。

【注释】

①笔管式：双线平行组合成管状格子。
②有名：指的是未经变化最基本的笔管式。
③无名：指的是经过变化的笔管式。

【解读】

栏杆的花式通常需要在较长距离内进行连续的重复，因此几何图以简洁而强烈的韵律美而成为工匠最为钟爱的栏杆花式。其中最为原始的为“笔管式”。笔管式有单双之分，双笔管是从单笔管进化而成，称为“如意”。后人并以此为基础，做出各种复杂变化。计成怕有所遗失，特按照次序绘图记录，个别复杂的图式以文字说明制作方法，以方便工匠制作。

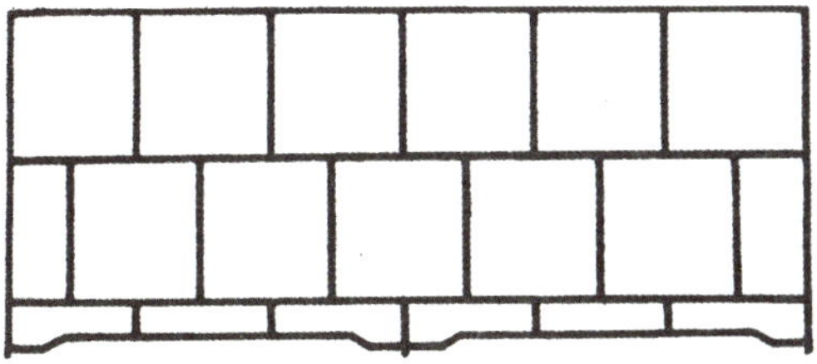

笔管式

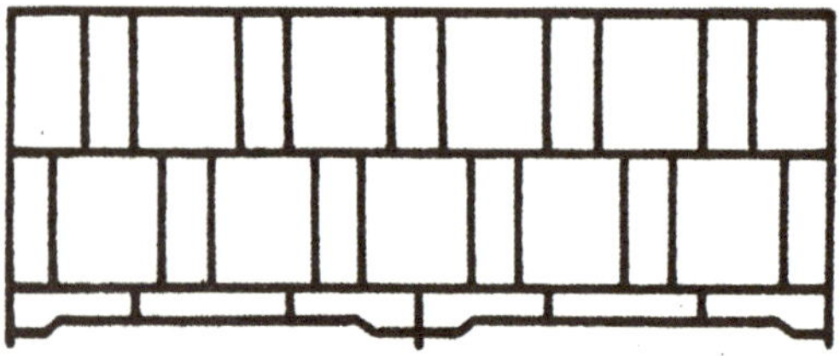

双笔管式

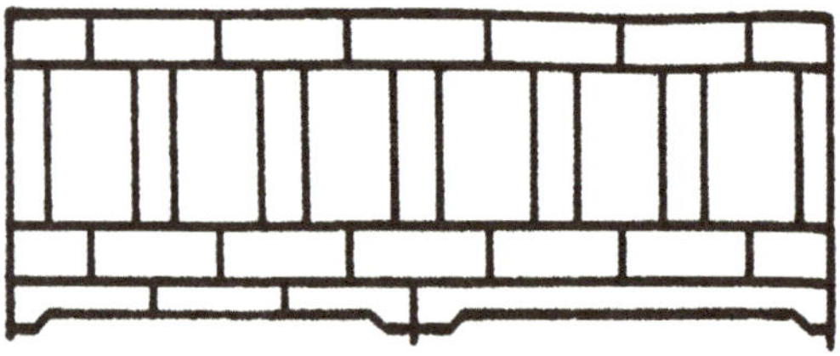

笔管变式一

笔管变式二

笔管变式三

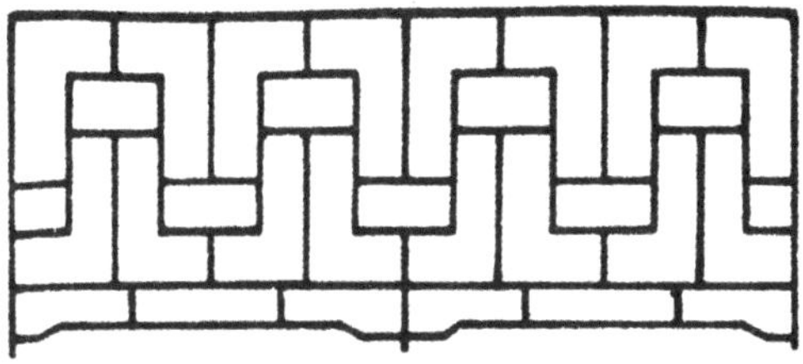

笔管变式四

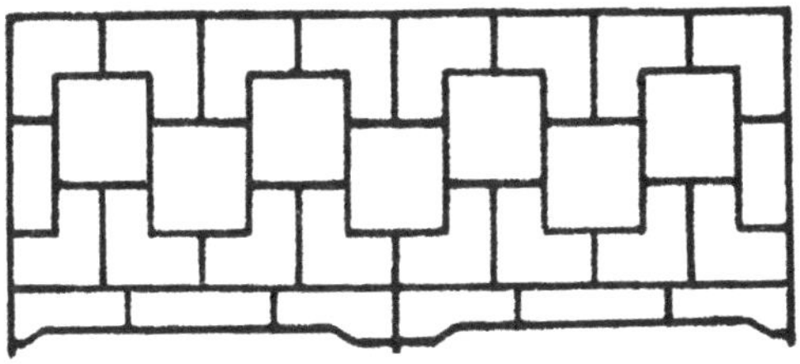

笔管变式五

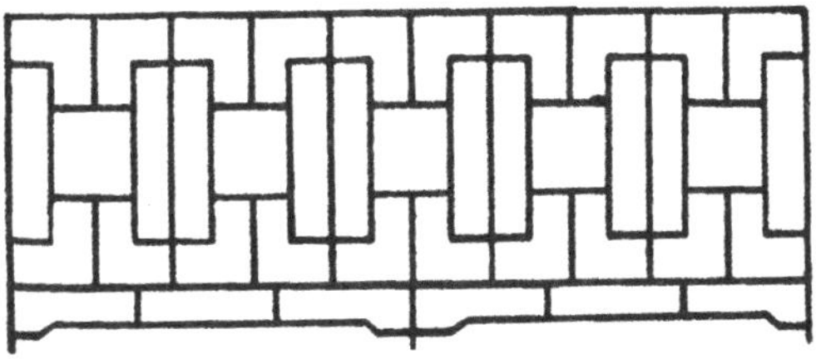

笔管变式六

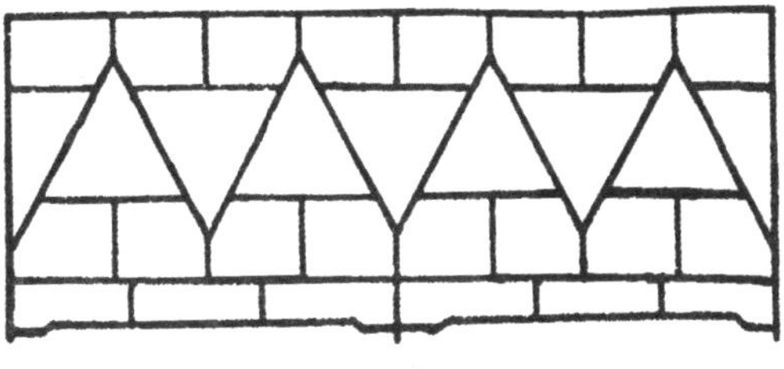

笔管变式七

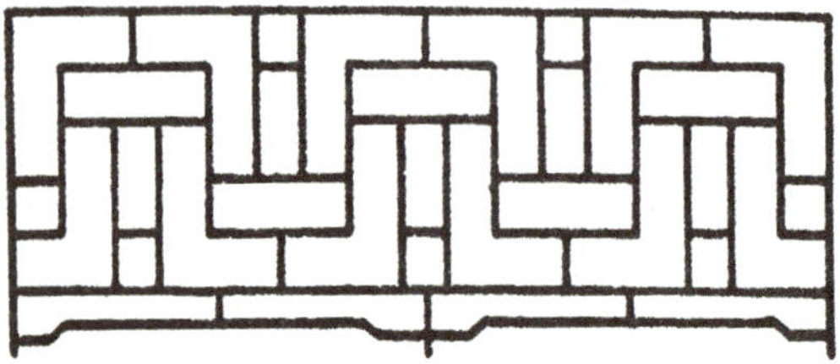

笔管变式八

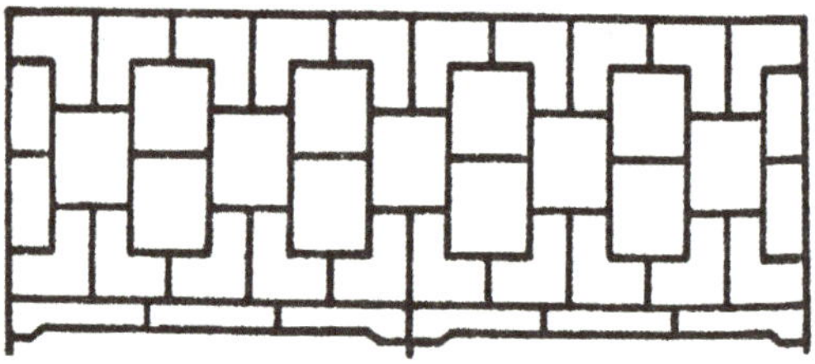

笔管变式九

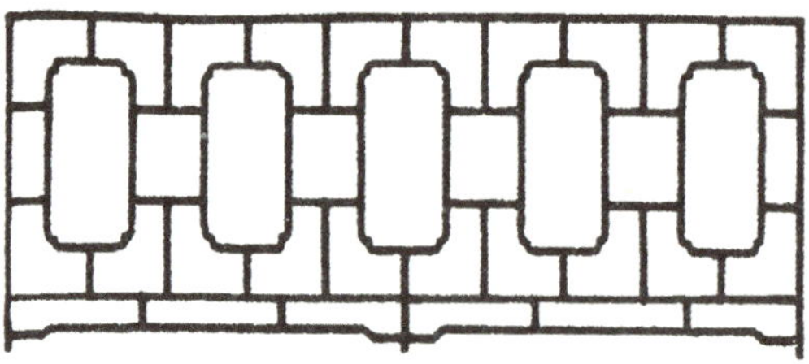

绦环式

横环式一

横环式二

横环式三

横环式四

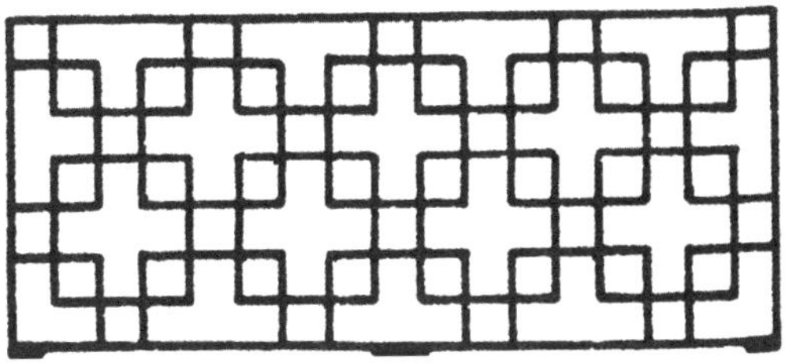

套方式一

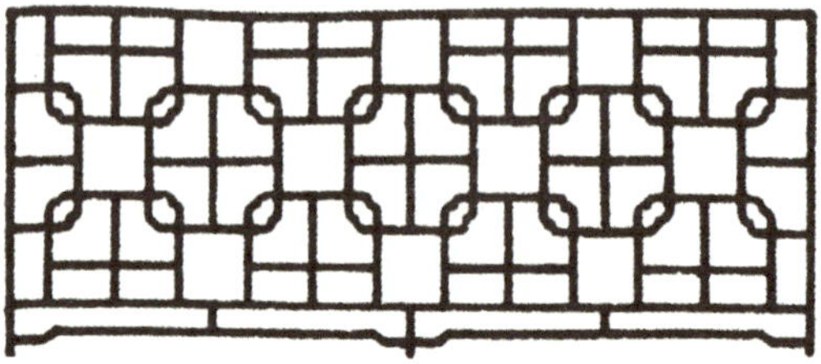

套方式二

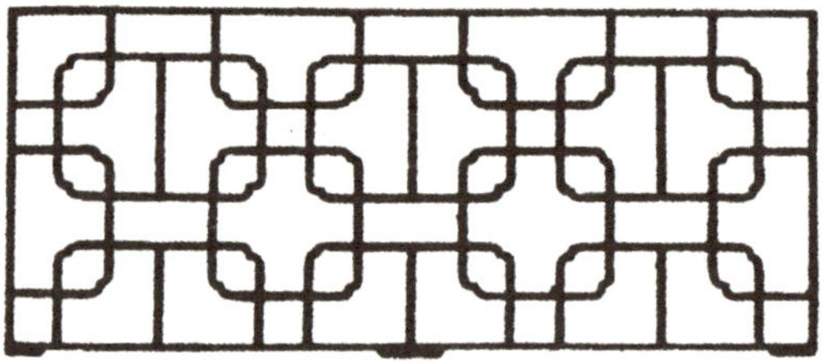

套方式三

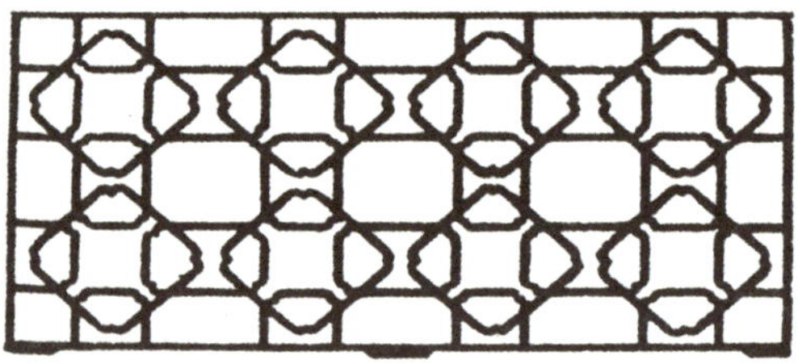

套方式四

套方式五

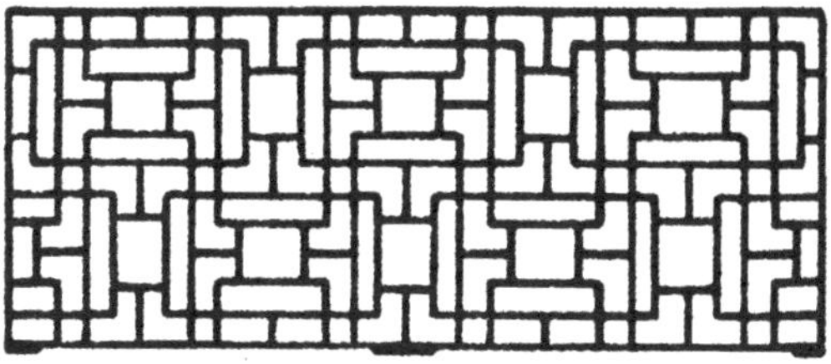
套方式六

套方式七

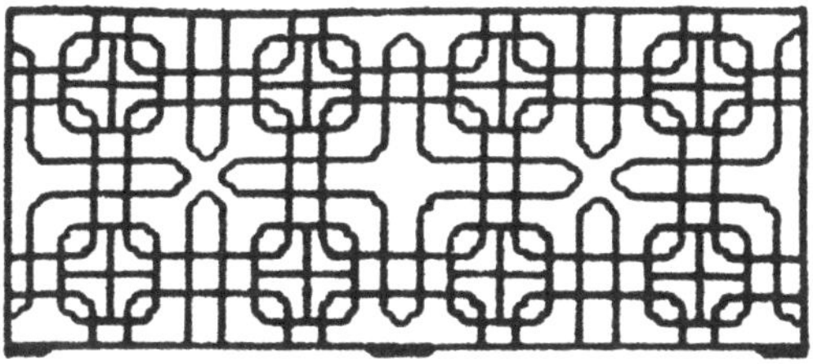
套方式八

套方式九

套方式十

套方式十一

套方式十二

三方式一

三方式二

三方式三

三方式四

三方式五

三方式六

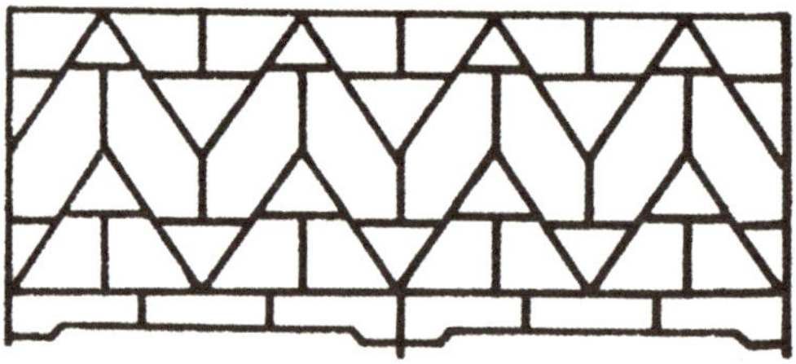

三方式七

三方式八

三方式九

锦葵式

先以六料攒心，然后加瓣，如斯做法。斯一料斗①瓣。

【注释】

①斗：拼凑。

【解读】

首先用六根图 2 形状的材料拼凑出花心（如图 1），然后在此基础上用不同形状的料（图 3）拼接做成花瓣。不断重复，就可以拼凑出锦葵式。

1

2

3

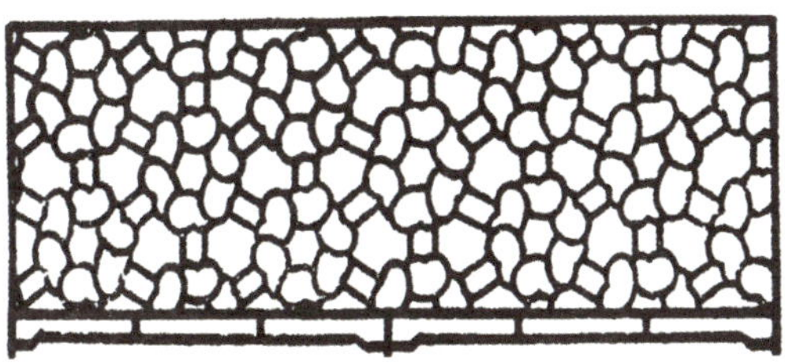
锦葵式

六方式

葵花式一

葵花式二

葵花式三

葵花式四

葵花式五

葵花式六

波纹式

惟斯一料可做。

【解读】

波纹式的花纹仅用相同波纹形状材料就可以拼成。

波纹式

梅花式

用斯一料斗瓣，料直，不攒榫眼。

【解读】

梅花式主要由两种料组成。花瓣主要由具有弧度的材料拼接而成，其余部分都是用直的材料制作的，不必在直料上钻榫眼。

梅花式

镜光式一

镜光式二

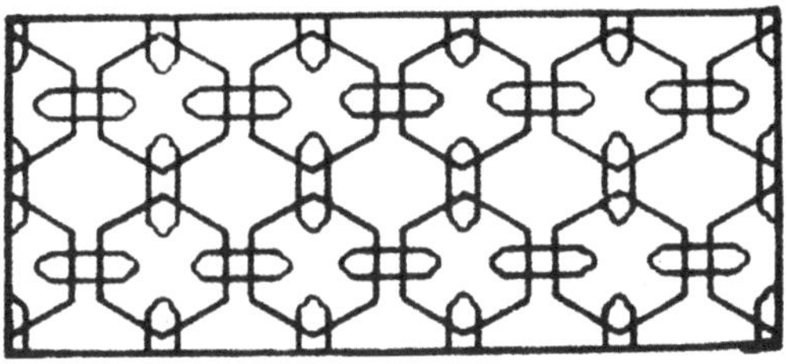

镜光式三

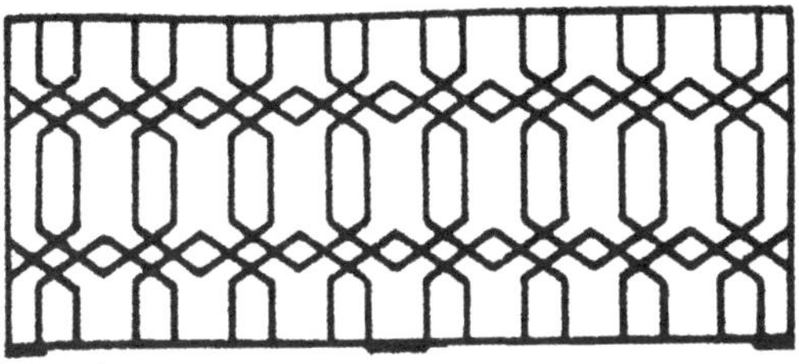

镜光式四

冰片式一

冰片式二

冰片式三

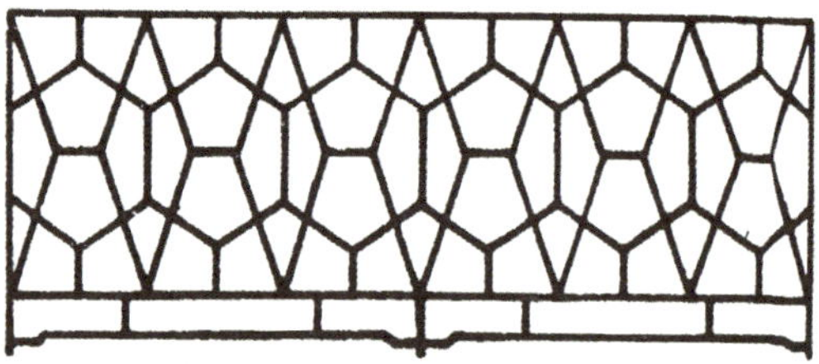

冰片式四

联瓣葵花式

惟斯一料可做。

【解读】

只用中间直、两端向相反方向弯曲的材料就可以拼制出联瓣葵花式的图案。

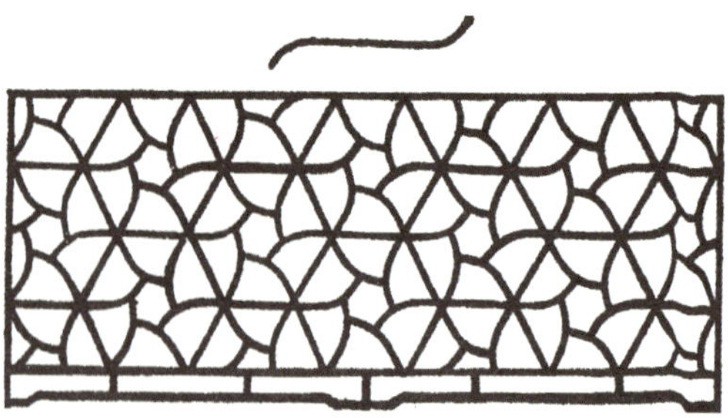

联瓣葵花式一

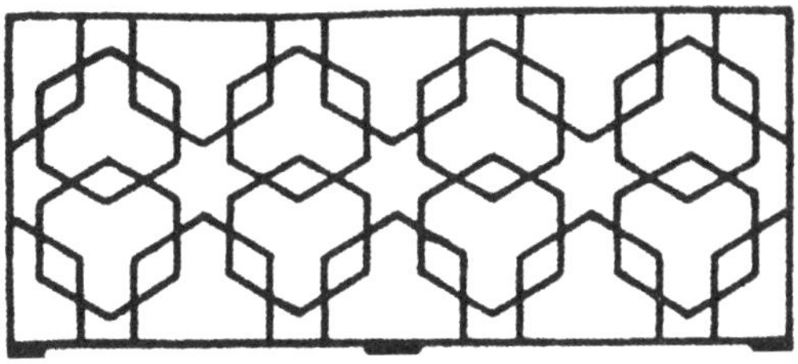

联瓣葵花式二

联瓣葵花式三

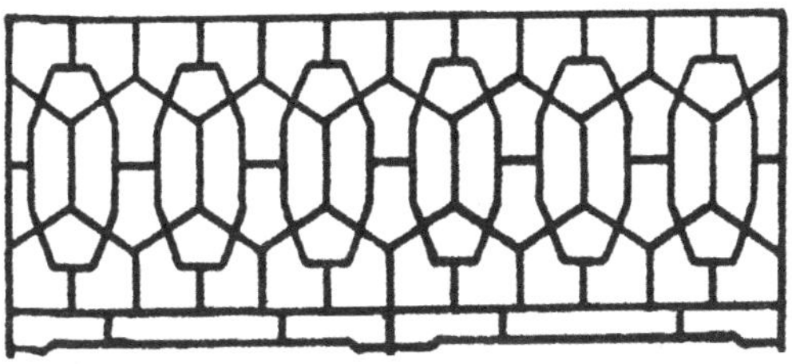

联瓣葵花式四

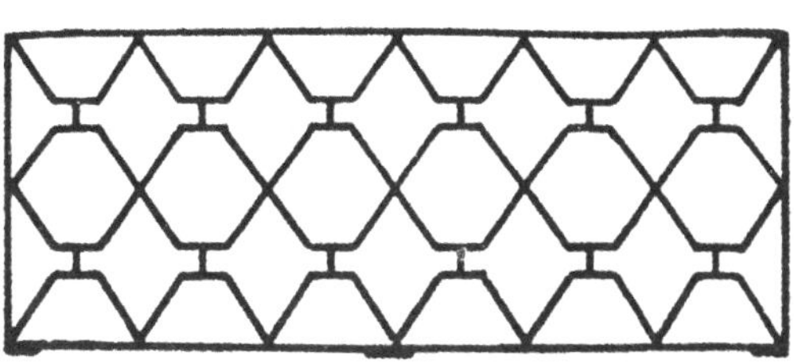

联瓣葵花式五

尺栏式

此栏宜腰墙①用，或置户外。

【注释】

①腰墙：及腰的矮墙。

【解读】

这种栏杆样式适用于矮墙和室外。

尺栏式一

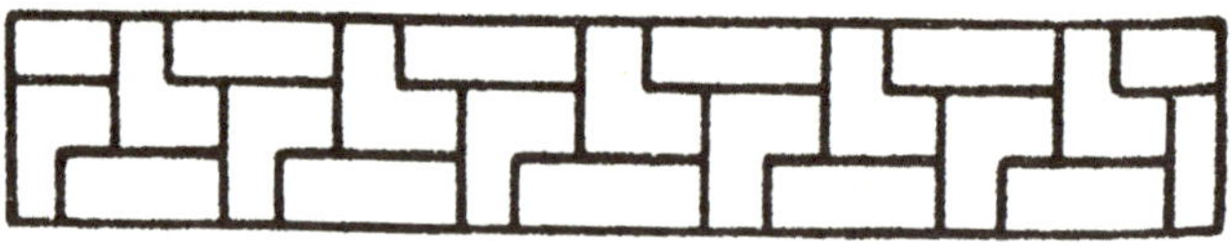

尺栏式二

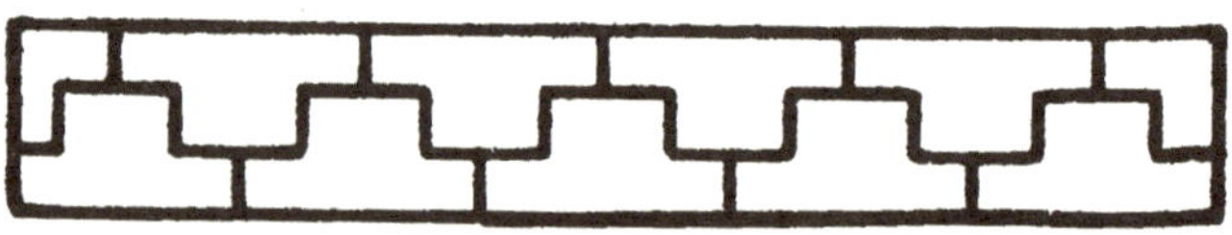

尺栏式三

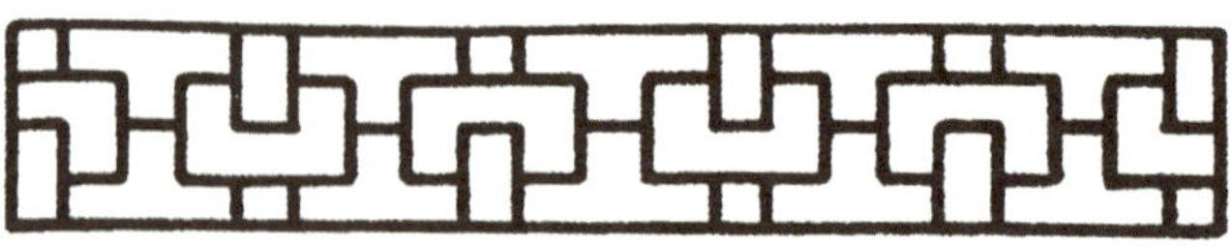

尺栏式四

尺栏式五

尺栏式六

尺栏式七

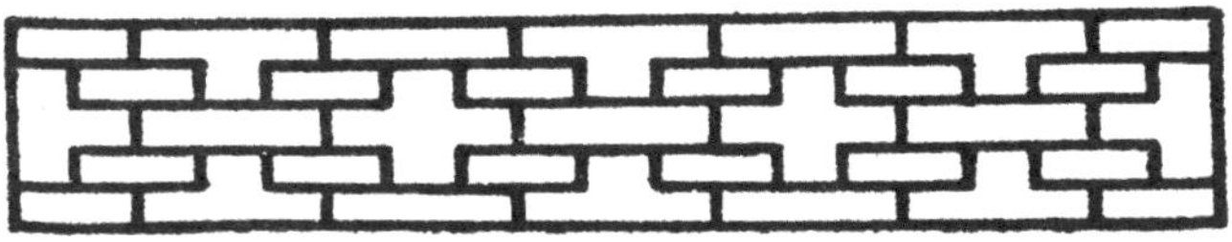

尺栏式八

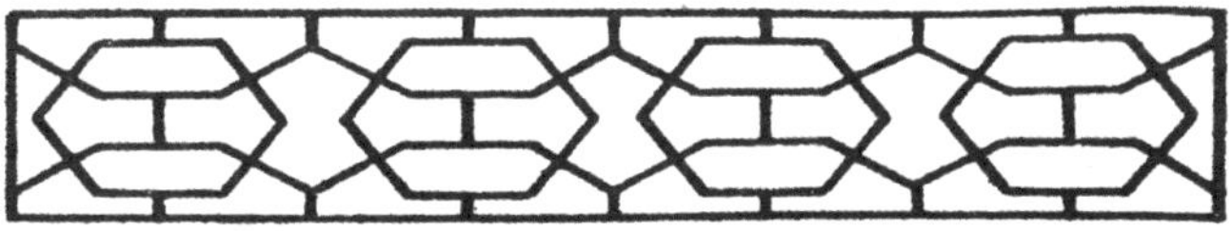

尺栏式九

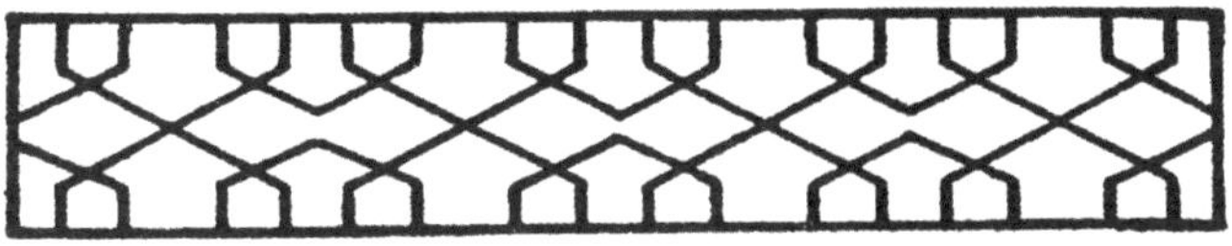

尺栏式十

尺栏式十一

尺栏式十二

尺栏式十三

尺栏式十四

尺栏式十五

尺栏式十六

短栏式

短栏式一

短栏式二

短栏式三

短栏式四

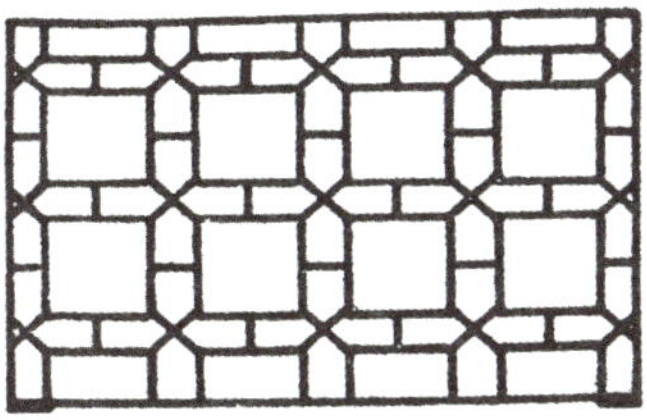

短栏式五

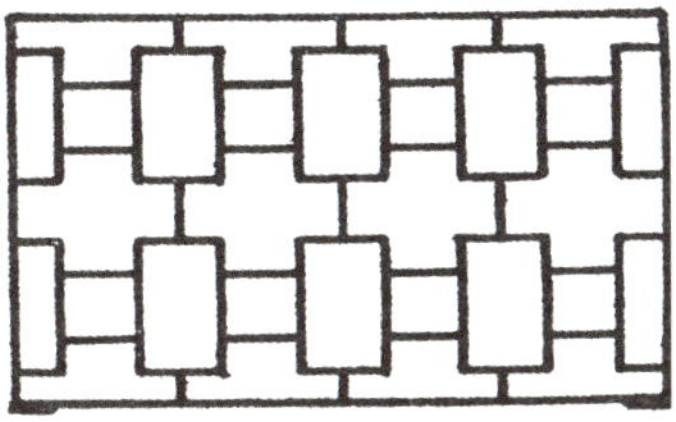

短栏式六

短栏式七

短栏式八

短栏式九

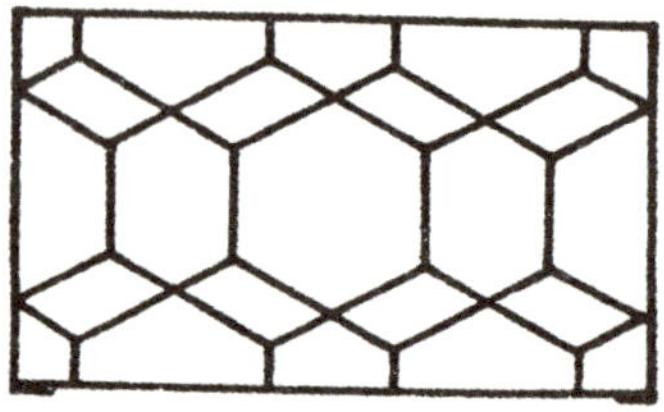

短栏式十

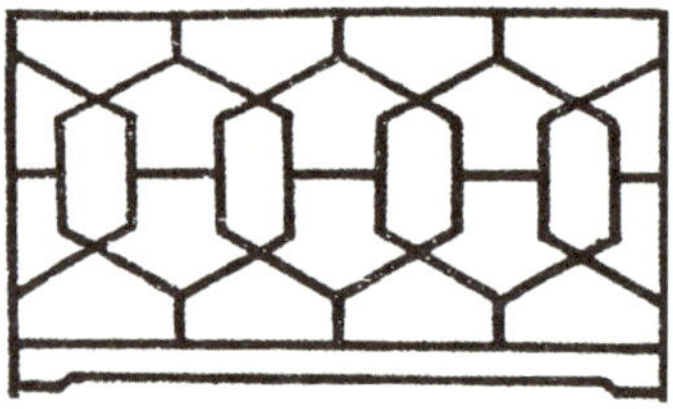

短栏式十一

短栏式十二

短栏式十三

短栏式十四

短栏式十五

短栏式十六

短栏式十七

短尺栏式

短尺栏式一

短尺栏式二

短尺栏式三

短尺栏式四

短尺栏式五

短尺栏式六

短尺栏式七

栏杆诸式计一百样。

卷三

门 窗

门窗磨空①，制式时裁②，不惟屋宇翻新，斯谓林园遵雅。工精虽专瓦作，调度犹在得人，触景生奇，含情多致，轻纱环碧，弱柳窥青③。伟石迎人，别有一壶天地④；修篁弄影，疑来隔水笙簧⑤。佳境宜收⑥，俗尘安到。切记雕镂门空⑦，应当磨琢窗垣。处处邻虚⑧，方方侧景。非传恐失，故式存余。

【注释】

①磨空：用磨砖镶嵌门洞、窗洞的边框。

②时裁：样式新颖。

③轻纱环碧，弱柳窥青：透过轻纱和柳叶形的窗棂望见远处连绵的青山。

④一壶天地：以小见大，指的是中国古典园林所追求的咫尺胜景的意境。

⑤笙簧：《礼记·明堂位》："垂之和钟，叔之离磬，女娲之笙簧。"郑玄注："笙簧，笙中之簧……"笙是吹奏乐器，簧是笙中发音的簧片，这里指的是风吹竹叶好似笙簧的悦耳声音。

⑥宜收：丰收。

⑦门空：地穴。

⑧处处邻虚：指的是园林建筑除了正面之外的其他三侧都应该留有空间。

【解读】

这里所说的门窗，特指不安装门扇和窗扇的门窗。门窗在园林之中的运用极为频繁，具有很高的实用性、装饰性与艺术性。门窗最基本的功能在于通风、采光以及连接内外，可以使空间变得层次丰富而又幽深立体，并具有通透性。门窗的造型多种多样，具有很强

颐和园谐趣园瓶形洞门

苏州怡园月洞门

的装饰性。但门窗在园林艺术之中最为重要的作用在于“借景”。门窗就如同一个画框，各色建筑、假山怪石、小桥流水、花草林木、飞鸟鱼虫透过门窗来看就好像在画中一样，而且随着角度的不同、位置的不同，画面风景就有了多端的变化。门窗还能将室外的景观自然地融入室内，扩大了室内的空间与视野。正如计成所说，门窗的关键在于园林设计师的构思设计。门窗若建得好，便能产生无穷的雅致情趣，使得自然景观与人文景观融洽地结合为一体。不过，建造门窗要懂得留白的道理。

◎ 门窗图示

方门合角式

方门合角式：磨砖方门，凭匠俱做券门①，砖上过门石，或过门枋者②。今之方门，将磨砖用木栓③栓住，合角④过门于上，再加之过门枋，雅致可观。

【注释】

①券门：顶部有弧度的门洞。
②过门石、过门枋：指的是搭载门洞上的石梁。
③木栓：木钉。
④合角：指的是门框在边框直角转折部分以45°拼合。

【解读】

以前的磨砖方门，都按照工匠的想法做成圆拱形小门，或者在门洞上方架有过门石和过门枋。现在的磨砖方门，不仅要将门洞两侧的磨砖用木钉固定，而且要在过门石和过门枋的转角处拼接合角，并垒砌上磨砖，这样显得既统一又雅致美观。

方门合角式

圈门式

凡磨砖门窗，量墙之厚薄，校砖之大小，内空须用满磨，外边只可寸许，不可就砖，边外或白粉或满磨可也。

【解读】

如果要用磨砖镶砌门窗，就要根据墙体的厚薄，以及磨砖的大小来进行计算。门窗洞内墙面都要镶砌上磨砖，外面的边框不能以磨砖的宽度来决定，只可以留出来一寸左右的宽度。边框外的墙面用灰白粉粉刷也行，用磨砖镶嵌也行。

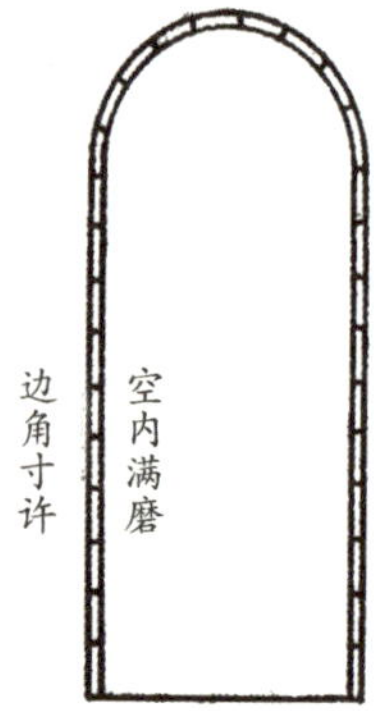

圈门式

上下圈式

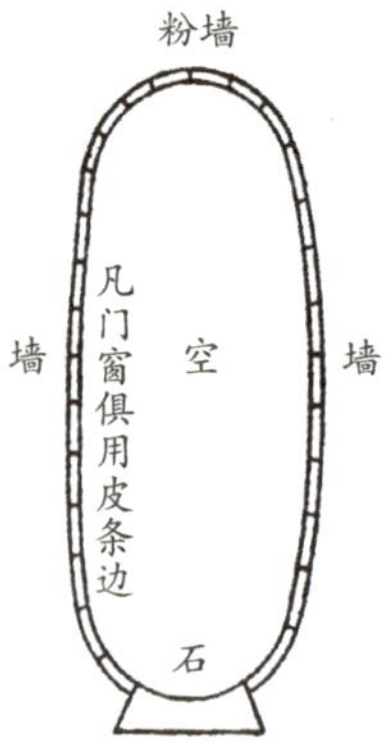

上下圈式

入角式

长八方式

执圭式

葫芦式

莲瓣式、如意式、贝叶式

莲瓣、如意、贝叶，斯三式宜供佛所用。

【解读】

莲花瓣形、如意形、贝叶形，这三种圈门造型主要用于供奉佛像的建筑。

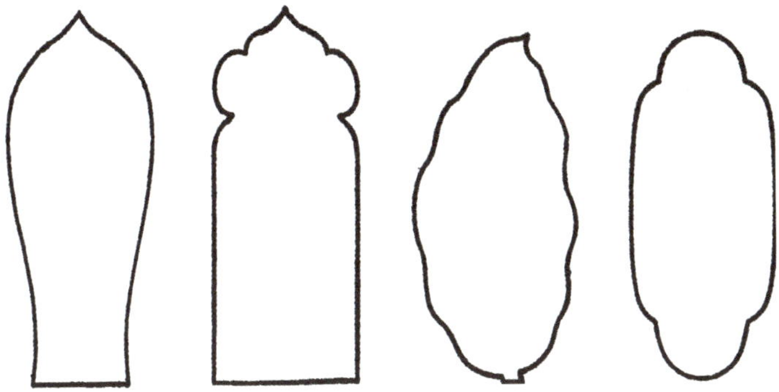

莲瓣式　如意式　贝叶式　剑环式

汉瓶式一　汉瓶式二　汉瓶式三　汉瓶式四

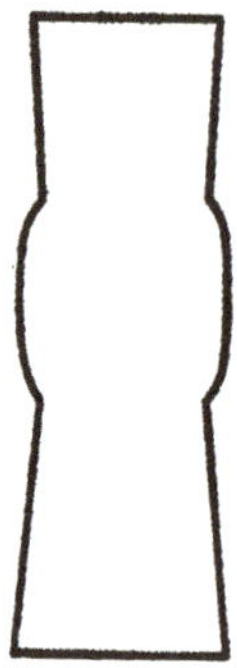
花觚式

蓍草瓶式

片月式

月窗式　大者可为门空

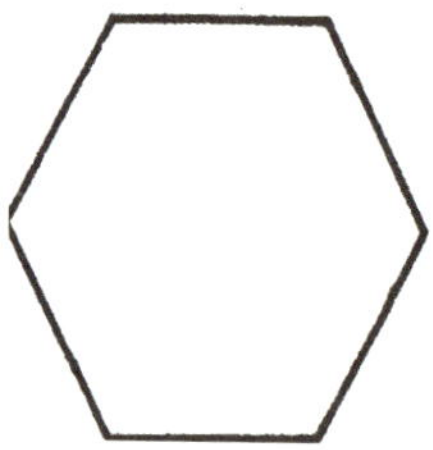
八方式　斯亦可为门空

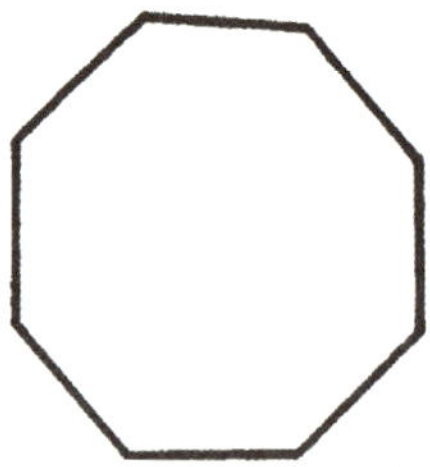
六方式　斯亦可为门空

菱花式

如意式

梅花式

葵花式

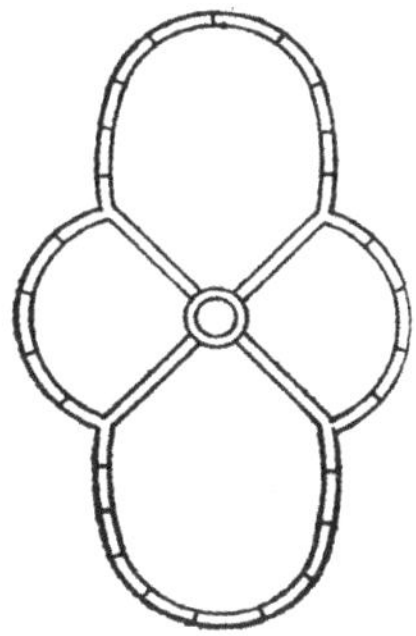
海棠式

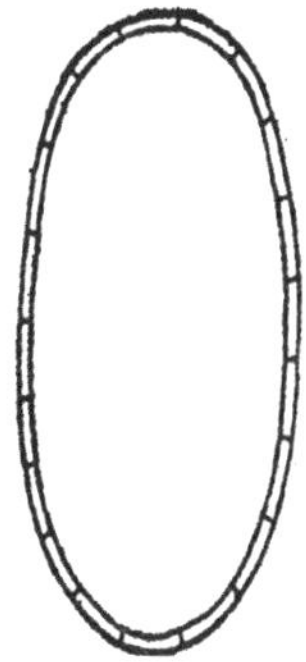
鹤子式

贝叶式

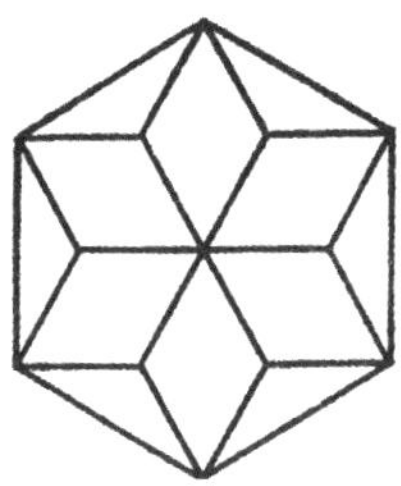
六方嵌栀子式

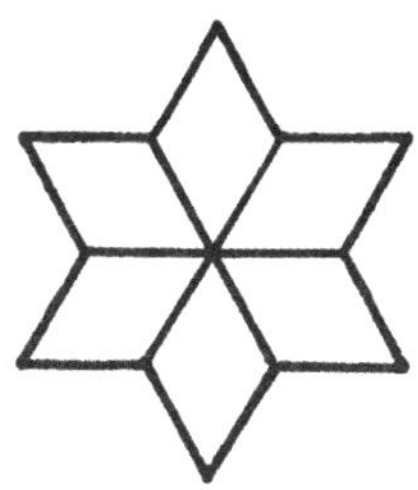
栀子花式

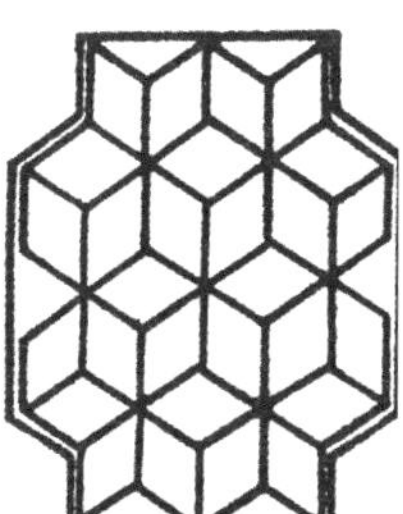
罐式

墙垣

凡园之围墙，多于版筑①，或于石砌，或编篱棘。夫编篱斯胜花屏②，似多野致，深得山林趣味。如内花端、水次③，夹径、环山之垣，或宜石宜砖，宜漏④宜磨，各有所制。从雅遵时，令人欣赏，园林之佳境也。历来墙垣，凭匠作雕琢花鸟仙兽，以为巧制，不第林园之不佳，而宅堂前之何可也。雀巢可憎，积草如萝⑤，祛之不尽，扣⑥之则废，无可奈何者。市俗村愚之所为也，高明而慎之。世人兴造，因基之偏侧⑦，任而造之。何不以墙取头阔头狭就屋之端正⑧，斯匠主之莫知也。

【注释】

①版筑：古时候人们修筑土墙，先用木板夹住，再往中间填土。

②花屏：用花卉植物编织成好像屏风一样的藩篱。

③花端、水次：花端，花旁。水次，水边。

④漏：用砖搭建成漏窗。

⑤雀巢可憎，积草如萝：鸟雀在上面筑巢喧闹，惹人烦恼。孔洞缝隙里容易杂生野草，影响美观。

⑥扣：敲击

⑦基之偏侧：指的是地基不端方规整。

⑧头阔头狭就屋之端正：园林建筑的地基不可能像理论上说的那样方正，为保证房屋和庭院的方正，围墙的大小可以调节，庭院空间应该随着建筑灵活变化调整。

【解读】

墙体是园林中重要的组成部分。按照位置的不同，墙体分为外墙和内墙。外墙主要起保护作用，使得建筑组群与外界相阻隔，处于相对封闭、安全的环境之中，因此外墙多比较高大坚固。内墙建于园中，主要起到分割空间、美化空间的作用。我国古人用于筑墙的材料多为石灰、方砖、石块、石条、泥土、荆棘等。用何种材质筑墙则取决于周围的环境和实际需要。例如花间宜用石块垒砌分割，水边应用砖块修砌，夹路的墙体应该开设露窗供人欣赏墙外的景色，环山处应该镶砌磨砖，等等。院墙的形状也应该结合周边的环境而进行灵活创作，切不能墨守成规，拘泥于形式。有许多人以为在墙面上雕刻些神仙、奇花、飞鸟、走兽就是最佳的装饰，却不知如此一来一则流于庸俗，二则难于清理，三则破坏墙体坚固度，实在百害而无一利。计成认为建造墙体最难能可贵的在于巧妙构思和处理手法。既要顺其自然，如平地就建平墙，坡地就建阶梯式的墙体，又要人工调整、美化，如改变墙体的形状、高低，或者用漏窗、洞门、洞窗、花格来装饰，等等。

一　白粉墙

历来粉墙，用纸筋①石灰，有好事取其光腻②，用白蜡磨打者。今用江湖中黄沙，并上好石灰少许打底，再加少许石灰盖面，以麻帚轻擦，自然明亮鉴人。倘有污渍，遂可洗去，斯名“镜面墙”也。

【注释】

①纸筋：古时候往石灰里添加粗制的草纸来增加石灰的韧度。
②光腻：光滑细腻。

【解读】

在我国古代，墙的颜色也反映了贫富的差距。穷人家的墙壁通常为泥草混合涂抹而成，而富人家的墙面多为白粉墙，涂抹墙壁的物质为石灰浆。人们通常用纸筋搅拌石灰浆，用以增加材料的韧度和连接性，以防止白粉墙的墙体开裂，还能起到节省石灰的作用。更有人为了让墙面细腻光滑，还将白蜡涂抹在墙体表面以增加光泽度。计成认为增加墙体光泽度还有一个更为成本低廉、行之有效的方法，即用质量优良的石灰和以水域中的黄沙来打底，再用石灰浆进行粉刷，就能使墙体达到光亮可鉴的效果，因此得名“镜面墙”。不仅如此，这种墙面还十分易于清理，既可以用麻布扫帚清扫，也可以用水清洗，十分便利经济。在粉白色墙壁

带有空窗与洞门的粉墙

的映衬下，更能凸显园内山石、花木的自然简约之美。白粉墙的顶部则以砖瓦压顶，有些砖瓦以实用为主，较为简朴，有些砖瓦雕有复杂美丽的图案，用于装饰。

二　磨砖墙

如隐门照墙①、厅堂面墙②，皆可用磨成方砖吊角③，或方砖裁成八角嵌小方；或小砖一块间半块，破花砌如锦样④。封顶用磨挂方飞檐砖几层，雕镂花、鸟、仙、兽不可用，入画意者少。

北京颐和园仁寿门砖雕影壁

【注释】

①隐门照墙：大门内为了遮掩视线而建造的墙壁，即“照壁”“影壁”。
②厅堂面墙：厅堂对面的墙壁。
③吊角：将方砖旋转 90°，砖角贴在垂直线上。
④破花砌如锦样：用各式砖拼成锦式花纹。

【解读】

磨砖墙即为处理过或完整的水磨石砖叠砌而成的墙体，是一种砖墙的处理方式。磨砖墙坚固结实，具有较强的防御性，因此在建筑中常用于影壁、厅堂面墙等比较正式的位置。古时人们经常在磨砖墙上面雕镂花、鸟、仙、兽等装饰图案，但计成认为这样的装饰手段并不符合磨砖墙古朴浑厚的风格，反而透露出一种庸俗之气。不如运用斜贴，或将砖打磨成各种形状，拼砌成不同花纹样式等手段，并在墙头封顶部分通过檐口的装饰来修饰整个墙体。

三　漏砖墙

凡有观眺处筑斯，似避外隐内①之义。古之瓦砌连钱、叠锭、鱼鳞②等类，一概屏之，聊式几于左。

【注释】

①避外隐内：遮挡外部的视线，使得内部的景色隐隐约约。
②连钱、叠锭、鱼鳞：漏砖墙的各种花式。

【解读】

漏砖墙是花式墙体的一种，即在墙洞处用砖瓦砌成各种花样，既达到保护私密空间的目的，又增加了院落的通透感。不止如此，漏砖墙的花式繁多，有内圆外方古钱币形、重叠的古银锭形、云鳞片形等，既为园林增添了一份美感，而且其通透的视野还可以借到墙体对面的宜人景色，让人百看不厌。计成在前人的基础上，又设计出新鲜的样式，如菱花、绦环、竹节、人形等花式墙体。

北海公园漏砖墙

◎ 漏砖墙图样

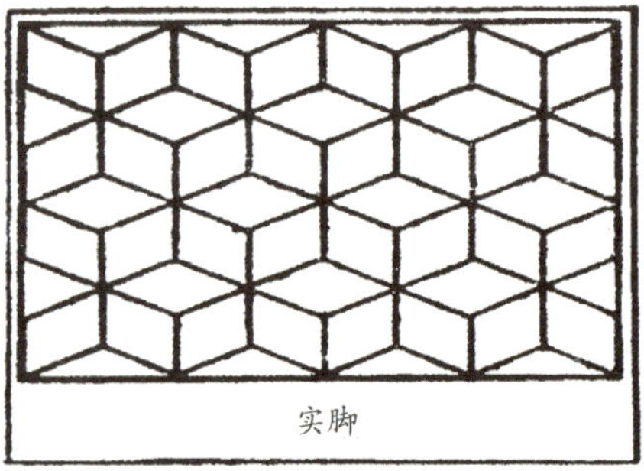

漏砖墙式之一（菱花漏墙式）

漏砖墙式之二（绦环式）

漏砖墙式之三

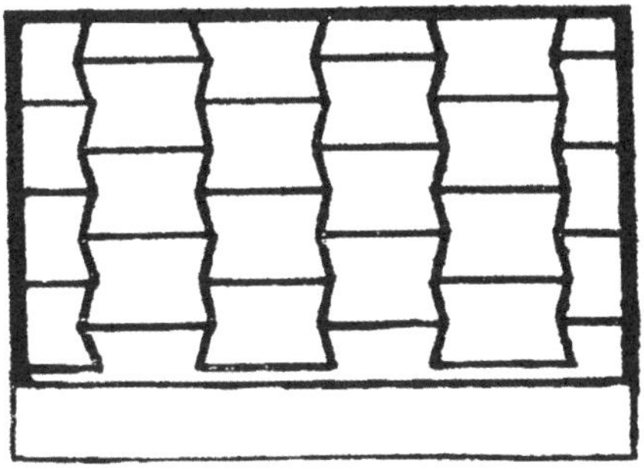
漏砖墙式之四（竹节式）

漏砖墙式之五（人字式）

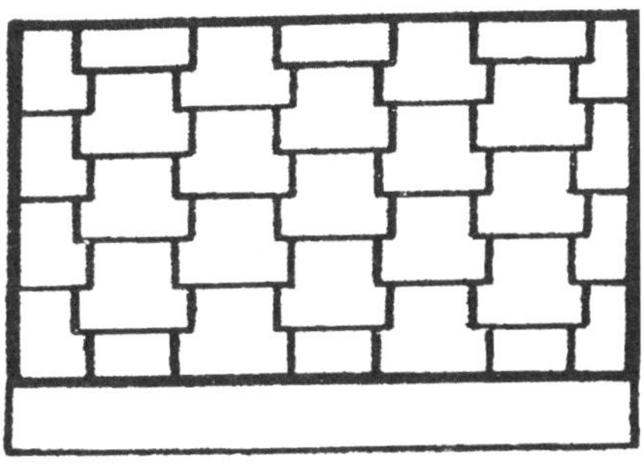
漏砖墙式之六

漏砖墙式之七

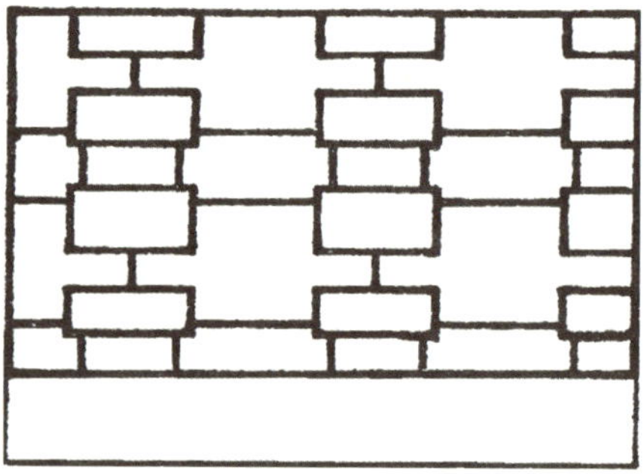

漏砖墙式之八

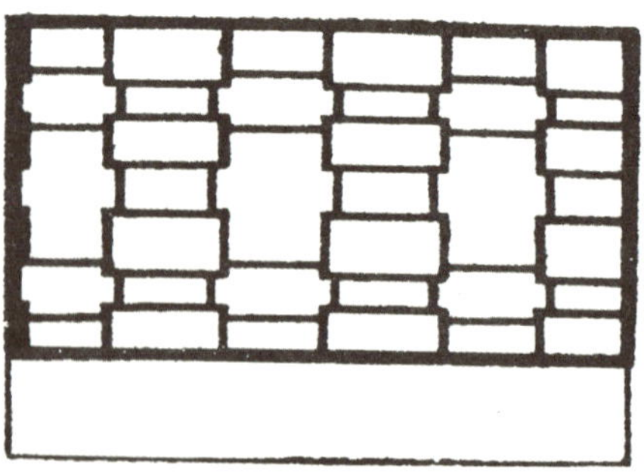

漏砖墙式之九

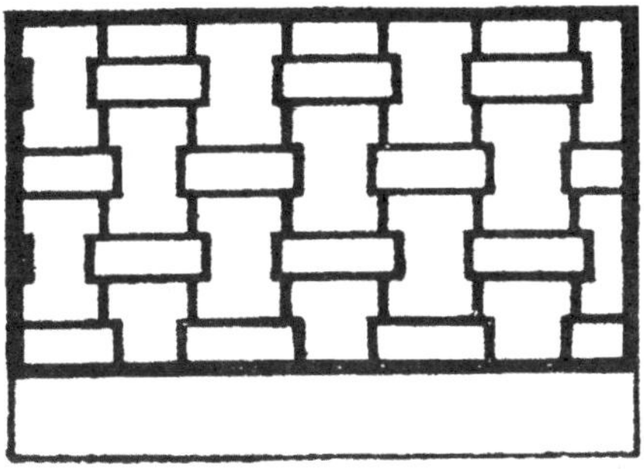

漏砖墙式之十

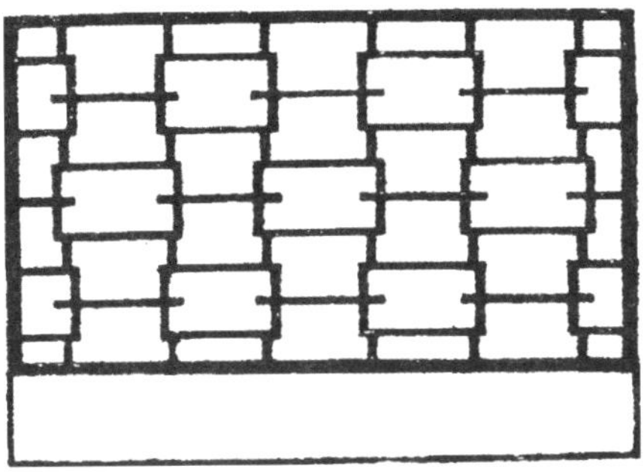

漏砖墙式之十一

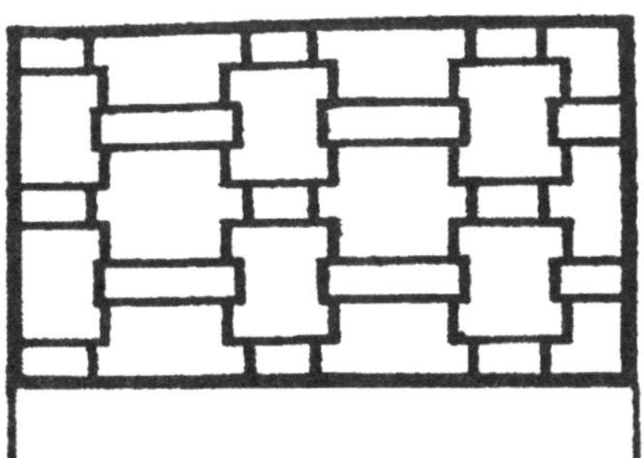

漏砖墙式之十二

漏砖墙式之十三

漏砖墙式之十四

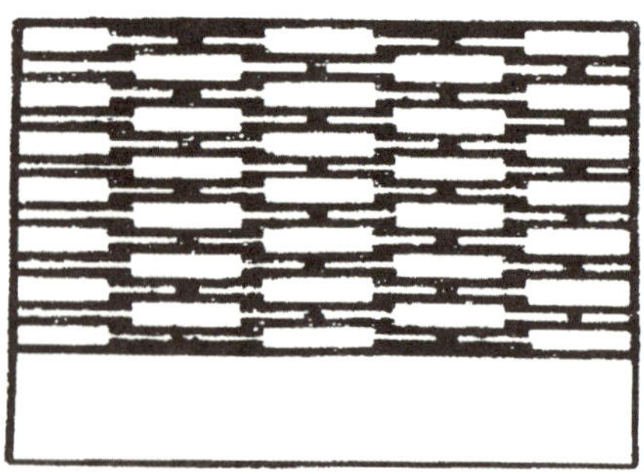

漏砖墙式之十五

漏砖墙式之十六

漏砖墙，凡计一十六式，惟取其坚固。如栏杆式中亦有可摘砌者。意不能尽，犹恐重式，宜用磨砌者佳。

【解读】

计成所设计的漏砖墙总共有十六种样式。这十六种样式是从栏杆花式中挑选并加以创新出来的。这些样式的墙不仅花式美丽，而且在建筑过程中比较容易实现，适合磨砖墙工艺，且坚固耐久，具有较好的实用性。

四　乱石墙

是乱石皆可砌，惟黄石者佳。大小相间，宜杂假山之间，乱青石版用油灰①抿缝，斯名“冰裂”也。

【注释】

①油灰：用桐油、石灰混合而成，多用于勾缝。

【解读】

乱石墙，顾名思义，就是用乱石堆砌出来的墙体。这种墙体多出现于临山地区。人们利用自然风化的碎石为材料修筑成墙体。虽为乱石，但修筑出来的墙体期间大小石块交错排列，形成了一种特殊的花纹，具有强烈的古拙美感，因此又被称作“冰裂墙”。计成认为这种乱石墙最好采用质地坚硬、纹路古朴的黄石，并以桐油石灰勾缝，具有最佳效果。而园林中的乱石墙天然古朴的风格又与假山交相辉映，可谓“最佳搭档”。

承德避暑山庄的虎皮石墙

铺 地

大凡砌地铺街，小异花园住宅。惟厅堂广厦中铺，一概磨砖，如路径盘蹊，长砌多般乱石，中庭或宜叠胜①，近砌亦可回文。八角嵌方②，选鹅子铺成蜀锦；层楼出步，就花梢琢拟秦台。锦线瓦条，台全石版，吟花席地，醉月铺毡。废瓦片也有行时，当湖石削铺③，波纹汹涌④；破方砖可留大用，绕梅花磨斗，冰裂纷纭。路径寻常，阶除脱俗。莲生袜底，步出个中来；翠拾林深，春从何处是。花环窄路偏宜石，堂迥空庭须用砖。各式方圆，随宜铺砌，磨归瓦作，杂用钩儿⑤。

【注释】

①叠胜：胜为古代妇女的饰品，叠胜就是以“胜”这种图案不断重

复的纹路。

②八角嵌方：将砖侧立起来拼成八角图案。

③削铺：将瓦片立起来铺砌成波浪纹。

④波纹汹涌：铺成波涛汹涌的花纹。

⑤钩儿：杂工。

【解读】

铺地，指的是将园林道路、庭院，以及其他场所的地面进行铺装。工匠们通过利用乱石、鹅子石、瓦片、石板、青版石、诸砖等较为廉价的材料，按照材料的不同形状、色泽、质地，铺装出不同的纹理效果。铺装的地面不仅能够起到美化地面、便于行走的作用，而且还能够起到分割、组织空间的作用。更为令人赞叹的是，这一颗颗、一片片不惊人的小石子、小瓦片，通过工匠的别具匠心和精巧工艺，反映出浓厚的文化底蕴和审美情趣，可谓中国古代园林的重要组成部分。根据计成记载，铺地可分为花街铺地、雕砖卵石铺地、卵石铺地、

拙政园海棠春坞庭院铺地

方砖或条石铺地、嵌草铺地等方式；纹理主要分为宗教图案、吉祥图案、市井文化图案三种。他认为，铺地首先要因地制宜，根据场所的不同而选择不同的材质花纹。如厅堂这种比较庄严高雅的场所，就应该用水磨方砖来铺地；若在路径上铺路，则选用变化丰富的乱石，营造出自然而又活泼的野趣；若在深深庭院铺地，就应该选用青砖拼出各式纹理，再佐以卵石点缀，营造幽静沉稳的气氛；花间小径则应用石块镶砌。除了迎合周边环境、建筑、用途等因素拼出各式花纹，铺地还有更为深层次的艺术——造景。计成特别举出了两个例子。一是在立有太湖石的庭院，利用破碎的瓦片铺装波浪汹涌的图案与之相呼应，形成山水如画的自然景致。二是在栽种梅花的庭院里，利用破碎的方砖拼成冰裂图纹，制造出“梅花香自苦寒来”的审美意象。铺地本来是很寻常的工程，但若是能以相宜的地面配以周边环境，自然能够出现足下生莲的脱俗效果。铺地主要是泥瓦工匠的工作，一些辅佐的工作则由力工来承担。

一　乱石路

园林砌路，做小乱石砌如榴子者①，坚固而雅致，曲折高卑，从山摄壑，惟斯如一。有用鹅子石间花纹砌路，尚且不坚易俗。

【注释】

①榴子者：石榴子一样的花纹。

【解读】

乱石路的建造工艺与乱石墙有异曲同工之妙。即将细小、不规则的乱石按照各自的形状交错相间，铺砌出平坦而又富有美感的道路。乱石路不仅工艺成本较低，并贴近自然，富有古拙的美感，而且非常贴合地势，不管是多么高低曲折的道路，还是蜿蜒起伏的山路都非常适宜。有些人为了增加美感，用鹅卵石在乱石路上间或拼砌花纹，计成认为此举简直画蛇添足，不仅破坏了乱石路自身的清丽拙朴，而且鹅卵石还容易损坏，易破坏路面。

二　鹅子地

鹅子石，宜铺于不常走处，大小间砌者佳；恐匠之不能也。或砖或瓦，嵌成诸锦犹可。如嵌鹤、鹿、狮球，犹类狗者可笑。

【解读】

鹅子石即鹅卵石，是大自然长期风化而形成的岩石颗粒，其表面比较光滑，线条圆润，形状多为卵状。在园林的建造中，鹅卵石不仅可以放在树下、花旁、水中点缀景色，而且还可以作为铺砌地面的原材料，或者镶嵌成各种吉祥的图案来装饰路面。鹅卵石路较为坚固，不仅具有较高的防滑性，而且具有活泼欢快、充满童趣的独特风格。但计成认为鹅卵石路表面凹凸，并不适合人行走，因此只适合铺在人们不经常走动的地方。在拼嵌的时候，体积悬殊的鹅卵石交相放置，

园林中的鹅卵石小径

视觉效果会比较好，但这需要极高的工艺水平。当鹅卵石仅仅作为装饰路面的元素，应该选择简单大气的图案，如织锦纹图案。如果镶嵌出鹤、神鹿、狮子滚绣球等复杂的图案，反而会有一种“画虎不成反类犬”的反面效果。

三　冰裂地

乱青版石，斗冰裂纹，宜于山堂①、水坡②、台端、亭际，见前风窗式，意随人活③，砌法似无拘格，破方砖磨铺犹佳。

【注释】

①山堂：山上平坦的地方。
②水坡：水边的坡地。
③人活：随着人的意愿进行铺设。

【解读】

青石板路面平坦整洁，有一种庄重感。但是若将破碎的青石板拼凑成冰裂纹图案，则会产生较强的立体感和艺术性。若与周边的建

冰裂地

筑、环境搭配好了，则会出现惊艳的视觉效果。冰裂地对于地面的要求也较低，能够随着地势的起伏进行铺砌。计成认为冰裂地的铺砌并没有什么工艺要求，平坦就好，但最关键的在于要因地制宜，根据实际环境灵活变化。

四　诸砖地

诸砖砌地，屋内、或磨、扁铺；庭下，宜仄砌①。方胜、叠胜、步步胜者，古之常套也。今之人字、席纹、斗纹，量砖长短合宜可也。有式。

【注释】

①仄砌：将砖侧立起来铺地。

【解读】

中国古典园林地面的铺砌材料并没有定式，皆因主人的奇思妙想与工匠的鬼斧神工。而诸砖地，顾名思义就是使用各种砖块材料铺砌的地面。这种地面用途广泛，不管是室内还是庭院都可以使用。其最精华的地方在于砖石的搭配以及装饰纹路。计成认为，在室内应该将磨砖平铺，在室外则将砖竖铺。地面的花纹也随着社会文化的发展而不断演化，在古时候人们经常采用方胜图纹、叠胜图纹、步步胜图纹等样式，现在则流行人字形图纹、苇席图纹、斗方图纹等。

以砖仄砌的砖铺地

人字纹砖铺地

◎ 砖铺地图式

人字式

席纹式

间方式

斗纹式

以上四式用砖仄砌。

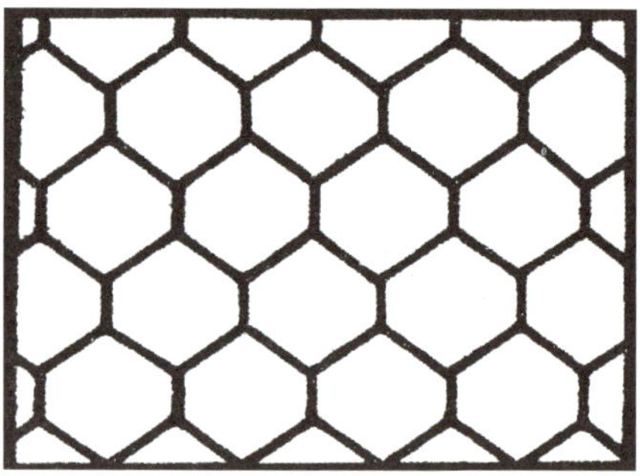

六方式

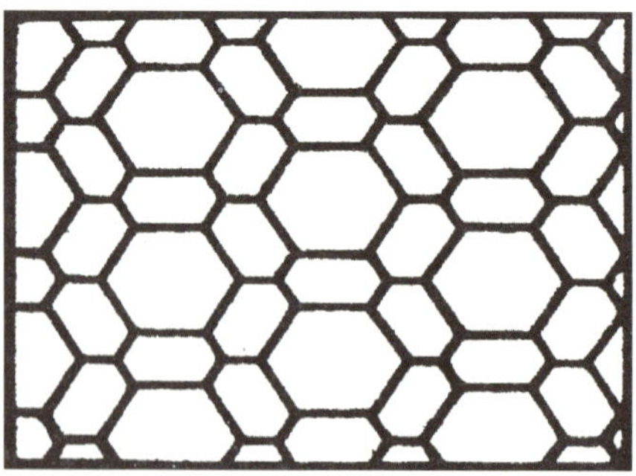

攒六方式

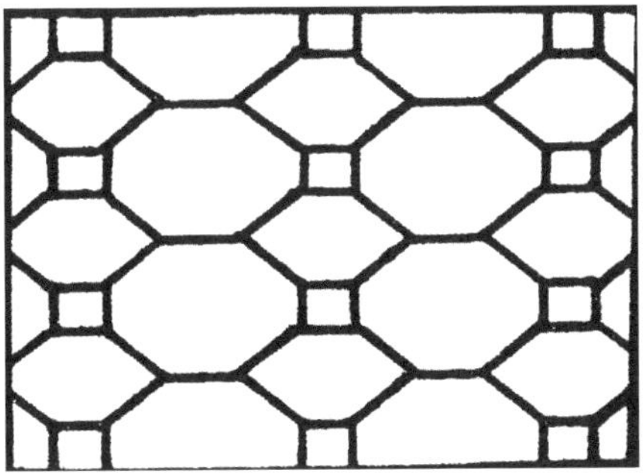

八方间六方式

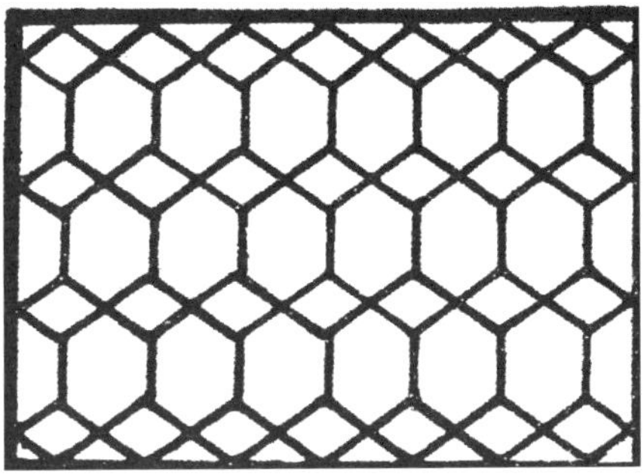

套六方式

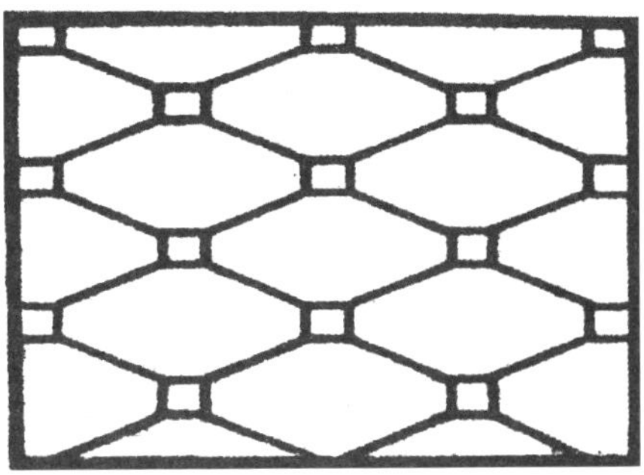

长八方式

八方式

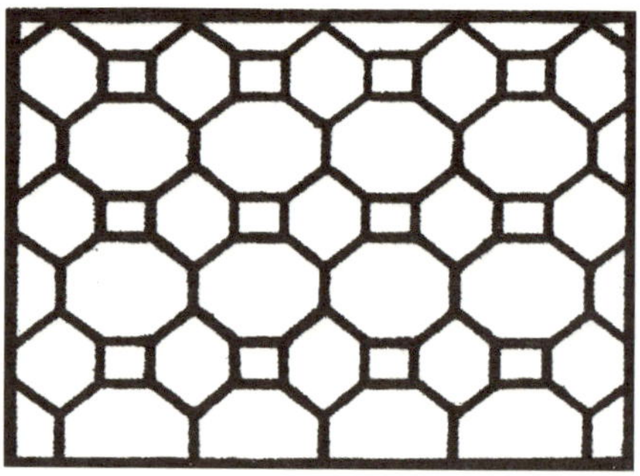

海棠式

四方间十字式

以上八式用砖嵌鹌子砌。

香草边式

用砖边，瓦砌香草，中或铺砖，或铺鹅子。

【解读】

用砖围成边框，边框里面用瓦片镶嵌成香草花纹。内框之中可以镶砌砖块，或者鹅卵石。

香草边式

毬门式

鹅子嵌瓦，仅此一式可用。

【解读】

用瓦片砌成毬门状，内镶嵌鹅卵石，只此一种样式可以采用。

毬门式

波纹式

用废瓦检厚薄砌，波头宜厚，波旁宜薄。

【解读】

选用厚薄不同的废瓦片来铺砌，波峰适合用厚瓦片铺砌，波峰侧适合用薄瓦片铺砌。

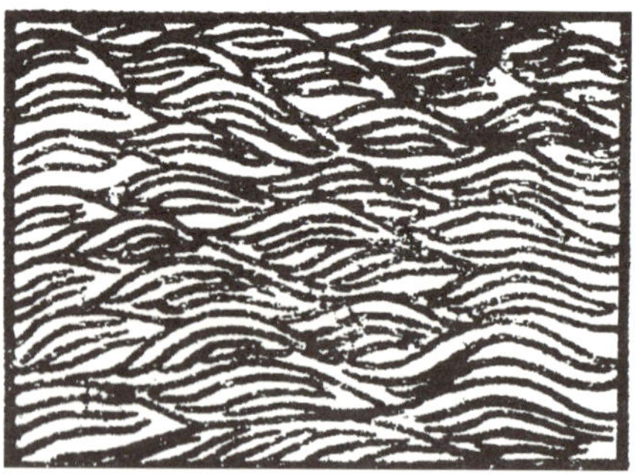

波纹式

掇　山

掇山①之始，桩木②为先，较其短长，察乎虚实。随势挖其麻柱③，谅高挂以称竿④。绳索坚牢，扛台稳重。立根⑤铺以粗石，大块满盖桩头；堑里⑥扫以查灰，着潮尽钻山骨⑦。方堆⑧顽夯而起，渐以皴纹而加；瘦漏生奇，玲珑安巧。峭壁贵于直立，悬崖使其后坚。岩、峦、洞、穴之莫穷，涧、壑、坡、矶之俨是；信足疑无别境，举头自有深情。蹊径盘且长，峰峦秀而古。多方景胜，咫尺山林，妙在得乎一人，雅从兼于半土⑨。假如一块中竖而为主石，两条傍插而呼劈峰，独立端严，次相辅弼⑩，势如排列⑪，状若趋承⑫。主石虽忌于居中，宜中者也可；劈峰总较于不用，岂用乎断然。排如炉烛花瓶⑬，列似刀山剑树⑭；峰虚五老⑮，池凿四方。下洞上台，东亭西榭。罅堪窥管中之豹，路类张孩戏之猫⑯。小藉金鱼之缸，大若酆都⑰之境。时宜得致，古式何裁？深意画图，余情丘壑。未山先麓⑱，自然地势之嶙嶒；构土成冈，不在石形之巧拙。宜台宜榭，邀月招云；成径成蹊，寻花问柳。临池驳以石块，粗夯用之有方。结岭挑之土堆，高低观之多致；欲知堆土之奥妙，还拟理石之精微。山林意味深求，花木情缘易短。有真为假，做假成真；稍动天机，全叨人力。探奇投好，同志须知。

【注释】

①掇山：根据石头的不同体貌、质感叠成假山。

②桩木：木桩。

③麻柱：古代起重设备的立柱。

④称竿：用于移动石头的木杆。

⑤立根：指的是用坚硬、粗大的石头建造假山的地基。

⑥堑里：假山的地基坑。

⑦钻山骨：将山体大部分埋于地下以稳固，并提出山石的轮廓棱角。

⑧方堆：将石头堆砌起来。

⑨半土：将石头堆在土上，地表上显现出半石半土的状态。

⑩辅弼：辅佐、衬托。

⑪排列：指的是山石的摆放。

⑫趋承：指的是主次之间的迎合与呼应。
⑬炉烛花瓶：指的是山石如同供案上的炉烛花瓶一样排列整齐。
⑭刀山剑树：佛教用语，与炉烛花瓶一样，指的是山石排列呆板无趣。
⑮五老：指的是庐山五老峰，意指山石排列主次分明、交相呼应，山势自然。
⑯孩戏之猫：原指小孩子捉迷藏的游戏。这里指的是道路交错复杂，好像迷宫一样。
⑰酆都：阴曹地府。这里指的是山石布局不当，好像鬼城一样阴森恐怖。
⑱未山先麓：在叠建假山之前，就已经了解山脚的自然走势。

【解读】

所谓假山，指的是人们以造景游览为主要目的，以土石为原料，通过对自然山水艺术的加工和夸张，人工制造出山水景物。人们对于自然有一种天生的亲近感，园林设计始于此。特别是我国自古有“水以山为面，水得山而媚”之说，认为山水是不能分开的，因此造园必须有山，无山难以成园。但在实际生活中，并不是所有园林都能建在山水相依的自然佳景中，常常因为局限于地理位置、面积等客观因素而无景可借，因此叠造假山就成了人们的不二选择。计成提出，假山的精髓在于“片山有致，寸石生情”，意思是说要在有限的空间里，展现出自然的山水之美，并且传达出高雅的情趣。

计成详细记述了堆叠假山的步骤：首先是假山基。要先打桩木，然后根据假山的高低来挖地基，用粗大的石头铺盖住桩木，再用碎石灰渣填缝。如果地表太过湿润就全部用石头来填满地基。等地基造好之后，通过吊杆来进行山石的移动。一般情况下，假山用顽石来垫脚，并充分利用石头玲珑剔透的纹理，按照绘画中皴法来叠造假山的自然纹路；按照自然山水中山峦、峭壁、悬崖、岩石、洞穴的显著特征来选择合适的山石，并与溪流、瀑布、花木、建筑相配合，从而形神兼备，达到“虽由人作，宛自天开”的艺术效果。这样的假山才能让人们在观赏的时候体会到一种信步于山野间的风情与趣味。

一些园林中的假山排列太过齐整，有的如同君臣朝拜，有的好似炉烛花瓶，还有的如同刀山剑树一样呆板可笑。不仅如此，这种情况还遍布整个园林建筑：山峰排列整齐，水池方正；如果下面凿洞，上面就一定要建台，东面造亭则西面就要建榭；叠造山石一味追求嶙峋怪奇，开辟路径只求曲折宛转；小山像金鱼缸里的僵硬石景，大山垒砌得如同阴曹地府。计成对上面这一系列现象进行了猛烈的抨击，认为这些设计是十分荒谬的，完全违背了园林的初衷。不管是修葺建筑还是叠造山石，又或者挖池辟路，都要“巧于因借，精在体宜”，要充分懂得山、水、土、石、建筑、花木之性，将其安放在合适的位置，这样才能形成“咫尺山林”的艺术效果，达到山水传情的最终目的。这些道理，是园林爱好者与建造者都应该懂得的。

一　园山

园中掇山，非士大夫好事者①不为也。为者殊有识鉴②。缘世无合志③，不尽欣赏，而就厅前三峰④，楼面一壁而已。是以散漫理之，可得佳境也。

【注释】

①好事者：有兴趣爱好的人。
②殊有识鉴：具有较高的审美情趣。
③合志：志同道合的人。
④三峰：概指群峰。

【解读】

古时候，在园林中叠造假山是一项非常大的工程，不仅需要住宅主人具备丰富的见识与卓越的审美能力，而且费时费力费财，是项浩大的工程。但人们最爱附庸风雅，因此造成了叠砌假山的人多，但是能够领悟到山石返璞归真意境的人少之又少。这就直接导致了有些人为了显示厅堂的恢宏气势，就按部就班垒砌三峰，见到墙壁便修筑峭壁，不仅生硬呆板，还失去了叠砌假山的初衷。假山是人们对于自然山水的情感寄托，因此在叠砌过程中，要按照自然山水的情态，高低有致、错落分散地布局排列，方能做到以真为假，做假成真。

二　厅山

人皆厅前掇山，环堵①中耸起高高三峰排列于前，殊为可笑。加之以亭，及登，一无可望，置之何益？更亦可笑。以予见：或有嘉树，稍点玲珑石块；不然，墙中嵌理壁岩，或顶植卉木垂萝②，似有深境也。

【注释】

①环堵：指四面都有墙壁的封闭性环境。
②卉木垂萝：藤蔓植物。

北海公园快雪堂前的云起石

【解读】

假山讲究的是“瘦漏生奇，灵珑安巧”，要从石无定相的静态之中找寻生机勃勃的动态。若只是照本宣科地将山石进行排列，抑或完全不考虑周边环境就叠造高耸的假山，甚至在上面修建观景亭，但在上面却无景可看。这种情形对于计成来说是分外可笑的。叠造假山，一定要结合周边环境。若庭院狭小，就应该选取一两块造型奇巧的石头，放在花间树下便很有韵味了。也可以充分利用上层空间，在墙壁上做峭壁，佐以绿萝葛藤，观赏巍峨险峻的石形，也能让人得到几分野趣。

三　楼山

楼面掇山，宜最高，才入妙，高者恐逼于前，不若远之，更有深意。

【解读】

由于楼为多重建筑，比其他建筑要高出许多，楼里面的人视野会较为广阔，视线也会随着建筑高度的增高而变化。因此修建在楼旁的假山也应该以高耸为主，给人以峭壁千仞、雄伟险峻的视觉效果。但山体越高越容易产生较大的压迫感，因此要将假山与楼之间留出充足的空间，方能产生最佳景观效果。

苏州狮子林卧云室（图片提供：FOTOE）

卧云室建于狮子林的湖石假山之上，是一座二层重檐楼阁。四周石峰相抱，如在云间，因唐代诗人元好问的诗句“何时卧云身，因节遂疏懒”而得名。楼阁飞檐高翘，造型与四周的峰石十分协调。

四　阁山

阁皆四敞也，宜于山侧，坦而可上，便以登眺，何必梯之。

【解读】

阁的开放空间和架空结构十分适合与假山相结合。将阁建于假山山侧，于内可观赏山水美景，于外可借助假山的蹬道登高远眺，又何乐而不为呢?

五　书房山

凡掇小山，或依嘉树卉木，聚散而理。或悬岩峻壁，各有别致。书房中最宜者，更以山石为池，俯于窗下，似得濠濮间想①。

【注释】

①濠濮间想：此处指置身于自然山水之间。

【解读】

书房是住宅主人读书学习、会客访友的重要场所，布置一向追求娴静典雅的风格。书房庭院中的假山也应该与周边的环境统一和谐。因此，这里的假山并不以气势磅礴、奇险峻怪为追求，而是运用形状精巧、意蕴悠长的石块进行叠砌，再佐以秀丽、典雅的树木花卉，从而营造出一种淡泊、悠然的情态。计成认为，书房庭院中最适宜的造景，是在栏杆下用山石围砌一池湖水，这样有山有水，自然能产生寄居山水的遐想了。

六　池山

池上理山，园中第一胜也。若大若小，更有妙境。就水点其步石①，从巅②架以飞梁③；洞穴潜藏，穿岩径水；风峦飘渺，漏月招云；莫言世上无仙，斯住世之瀛壶也。

【注释】

①步石：石头做的汀步。
②巅：山顶。
③飞梁：桥梁。

【解读】

山与水，是最自然最灵动的组合。因此当假山遇到水池，就有了最丰富多彩的变化和奇思妙想的创意。假山若在水面如汀步，就可以在山顶上架桥呼应。假山若洞壑深幽，便可将水置于后，别有

扬州个园“夏山”与鹤亭

一番柳暗花明的韵味。假山若气势恢宏，便应用水雾来烘托它的神秘……

七　内室山

内室中掇山，宜坚宜峻，壁立岩悬，令人不可攀。宜坚固者，恐孩戏①之预防也。

【注释】

①孩戏：孩童嬉戏。

【解读】

在室内叠砌假山有两个问题需要注意。一个是空间的合理运用。室内的空间有限，叠砌假山是为了装饰居室，若搞得室内逼仄压抑，就适得其反了。因此室内假山必须充分利用空间，要叠砌得简洁高峻，亦可在墙壁上垒立悬崖峭壁，既具有强烈的艺术效果，又不占地面空间。另一个是安全问题。假山由若干石块点缀组成，若叠砌得不够坚固就容易伤及孩童，因此在工程质量上必须慎之又慎。

八　峭壁山

峭壁山者，靠壁理也。借以粉壁为纸，以石为绘也。理者相石皴纹，仿古人笔意，植黄山松柏、古梅、美竹，收之圆窗，宛然镜游也①。

【注释】

①镜游：出自王羲之"山阴路上行，如在镜中游"，意思是说好像在风景秀丽的山水间游玩一样。

【解读】

峭壁，也叫"粉壁理石"，是假山最重要的造型之一。峭壁凝聚了山的险和峻，能够为园林营造恢宏大气的氛围，若再以苍劲的松柏、古雅的梅花、秀美的修竹等花草植物，又或小巧建筑作为点缀，则更添山林之雅趣。在工艺上，峭壁山常布置于墙前壁下，体量和结构都没有制式的要求。但若要追求浑然天成的自然效果，则必须要充分利用山石的洞、涡、壑、皱皴等因素，进行自然的排列，从而使得峭壁的石面上具有明显的明暗对比，展现出平、曲、凹、凸、虚、实等观赏质感。计成对此工艺的比喻最为生动：像将墙壁

南京瞻园的峭壁山

当成白纸，用石头来作画一样。那些石头的天然纹理、凹凸形状以及皱褶，就好似绘画的线条和笔意，结合于周边的粉墙黛瓦、小桥流水，就像一幅雅致悠远的山水画一般。

九　山石池

山石理池，予始创者。选版薄山石理之，少得窍不能盛水，须知“等分平衡法”可矣。凡理块石，俱将四边或三边压掇，若压两边，恐石平中有损。加压一边，即罅稍有丝缝，水不能注，虽做灰坚固，亦不能止，理当斟酌。

【解读】

用山石修筑水池，计成为第一人。他提出，以山石修筑水池有两点需要注意。其一，是在石材的选择上，要选择扁平、薄板状，并且完整没有裂痕孔洞的片石做池壁，使用桐油石灰来勾缝，这样才能使得池水蓄在池中不会外漏。其二，要以“等分平衡法”为原则进行加固。要根据块石的位置来决定池底石板的加固程度。若在池边砌筑块石，就应该将铺底石板的四边或三边都固定压实；如果只压两边，池底平铺的石板受力不均就可能产生破裂、损毁；若只压一边，就可能使得石板翘起形成缝隙，使得池水泄漏。

苏州艺圃的山石池

十 金鱼缸

如理山石池法，用糙缸一只，或两只，并排作底。或埋、半埋，将山石周围理其上，仍以油灰抿固缸口。如法养鱼，胜缸中小山。

【解读】

古代的金鱼缸多以石器、瓷器、陶器为主。若想在园林中享受鱼水之乐，计成提出了将鱼缸与山石相结合的办法：首先将鱼缸做底，半埋或全埋于地下，然后在鱼缸的四周找寻造型小巧精奇的山石垒砌，并用桐油石灰勾缝密封。同样是鱼缸与山石的组合，这样的方法比在鱼缸中叠砌假山要更胜一筹。

十一 峰

峰石一块者，相形何状，选合峰纹石，令匠凿笋眼为座，理宜上大下小，立之可观。或峰石两块三块拼掇，亦宜上大下小，似有飞舞势。或数块掇成，亦如前式；须得两三大石压封顶。须知平衡法，理之无失。稍有欹侧，久则愈欹，其峰必颓①，理当慎之。

【注释】

①颓：倾斜、倒塌。

【解读】

假山的顶部造型一般分为峰、峦、平顶三种。《说文》中说道："尖曰峰。"即峰为山体中最为高耸的部分，峰决定着山的气势和韵味。在峰的叠砌中，最主要的是要做到主次分明。首先要选择符合山峰纹理的石块，以其中最具有山峰形状和神韵的一块作为主峰，其他各峰皆不可超过主峰。除了高低的排列，还应注意石块的摆放位置，以上大下小的竖立摆放为佳。主峰与次峰要讲究向背俯仰的呼应和连接，从而达到自然的视觉效果。计成对于峰的垒砌还提出了安全的考量，在垒砌的过程中要注重石块的平衡之法，若稍有倾斜就极有可能引起日后假山的崩塌。

留园冠云峰

冠云峰高6.5米，是江南园林中最高大的一块湖石。此峰玲珑剔透，集瘦、漏、透、皱于一身，堪称太湖石中的极品。

十二　峦

峦，山头高峻也，不可齐，亦不可笔架式，或高或低，随至乱掇，不排比①为妙。

【注释】

①排比：整齐而有规律地排列。

【解读】

相对于峰的叠砌，峦更注重与其他山石的呼应，要做到层峦叠嶂、错落有致。计成指出，峦的排列有两点格外需要注意。其一，

苏州狮子林假山“桃源十八景”

苏州园林的石山中，以狮子林的湖石假山规模最大，构造最精妙。假山群共有9条路线、21个洞口，横向迂回曲折，竖向回环起伏。游人走入假山，时而登山，时而下谷，如入深山峻岭。山中洞穴、蹬道参差，给人一种恍惚迷离的神秘趣味，因而又被称为“桃源十八景”。

峦原本指的就是小而尖的山，因此峦必须高耸峻峭，与其他山石形成明显的高低落差。其二，峦的排列应根据山石形状来造型，首尾呼应，山势绵绵，切不可对称排列，充满匠气。

十三　岩

如理悬岩，起脚①宜小，渐理渐大，及高，使其后坚能悬②。斯理法古来罕者，如悬一石，又悬一石，再之不能也。予以平衡法，将前悬分散后坚，仍以长条堑里石压之，能悬数尺，其状可骇，万无一失。

【注释】

①起脚：做假山的基石。
②悬：凌空悬翘。

【解读】

在假山叠砌的工程之中，有时为了制造险峻的山势，需要架空、悬挑石块。尤其假山山石的摆放是头大脚小的，因此需要运用悬挑的技术。在石块的悬挑上，计成采用平衡法，着重将石块的重量分散到后部，并用条石压牢加固，从而达到安全稳固的效果。如此一来，在视觉上，挑空的石块给人以惊险压迫的效果，却有惊无险，万无一失。

拙政园悬挑的假山石

十四　洞

理洞法，起脚如造屋，立几柱著实，掇玲珑如窗门透亮，及理上，见前理岩法，合凑收顶，加条石替之，斯千古不朽也。洞宽丈余，可设集者①，自古鲜矣！上或堆土植树，或作台，或置亭屋，合宜可也。

苏州沧浪亭的假山石洞

【注释】

①集：聚集宴请。

【解读】

洞可以给山体以神秘、深幽之感。一般人们叠砌假山的时候将洞的位置设计在山体的核心处。洞的大小以人能够在里面自由活动为宜，高度与宽度都在 3 米左右。修筑洞室首先需要考虑的是安全问题。计成指出，修筑洞室如同修筑房屋一般，要先架立几根石柱以承重，壁体多用横石叠砌以确保坚固性。到了拱顶部分要用条石代替块石，才能保持长久的稳固。除了坚固性，洞还需要考虑通风和采光的问题。为解决这两个问题，人们通常在洞壁上设计许多小孔，更有甚者直接开出来窗洞，来增加采光和空气的流动。洞室主体修建完毕之后，可以在上面或外部设计花坛、池塘、水帘、建筑等。

十五　涧

假山以水为妙，倘高阜处不能注水，理涧壑无水，似少深意。

【解读】

有俗语曰："石为骨，水做魂。"由此可见水对于山体的重要性。所谓涧，即为山体沟壑中的水流。泉水从涧中盘纡曲折坠

狮子林的飞泉与潭涧

落，淙淙的水声不仅为山体增加了不可言喻的灵气和生机，那飞溅的水花也凸显了山势的峻峭险奇。若逢大雨，涧壑还是最天然隐秘的排水渠道。计成提出，涧的修建最佳地点为临水之所，如果山体缺水，涧壑干涸，反而丧失了应有的意境和美感。

十六　曲水

曲水，古皆凿石槽，上置石龙头喷水者，斯费工类俗，何不以理涧法，上理石泉，口如瀑布，亦可流觞，似得天然之趣。

【解读】

所谓曲水，是古时候人们驱邪避凶的一种风俗。人们开凿石槽，让石头雕琢的龙头喷出水来，引流成渠，谓之“曲水”。每到每年夏历三月上旬的巳日，在曲水旁举行宴会，将酒杯放入水中，饮酒作乐。计成认为，这样的方法极费人工又流于庸俗。不如巧妙运用理涧法，将涧水的出口设置于瀑布，水流奔腾，清丽自然。在这样的流水之中饮酒作乐，如临山水之中，别有一番乐趣。

绍兴兰亭的曲水流觞处

十七　瀑布

瀑布如峭壁山理也。先观有高楼檐水，可涧至墙顶作天沟，行壁山顶，留小坑，突出石口，泛漫而下，才如瀑布。不然，随流散漫不成，斯谓“坐雨观泉”之意。

夫理假山，必欲求好，要人说好，片山块石，似有野致。苏州虎丘山、南京凤台门，贩花扎架，处处皆然。

【解读】

瀑布与涧水的本质区别在于规模。涧水可以随着山石的褶皱与洞壑自然流淌下来，但是水流若是如此自由、分散地流淌下来就不能称之为瀑布。所谓瀑布，指的是水流在流经断层、凹陷等地区时垂直地从高空跌落的自然现象。若要用人工制造如此恢宏壮观的景象，首先确保要有足够的水源，其次要有足够的落差。为实现此景，计成提出，要充分利用自然雨水，并通过屋檐、天沟等渠道将其引入峭壁山顶蓄水的坑池，这样随着水不断溢出，从峭壁飞流直下跌落山下，就如同天然的瀑布一般灵动自然了。这就是所谓的“作雨观泉”的意境。

计成还指出，掇叠园林假山，本就是在咫尺之地制造出宛若自然的山水佳境。这就要求叠砌假山的每一块石、每一股水都有“虽

南京瞻园假山瀑布

由人作，宛自天开”的天然野趣。不能为了迎合世俗，就将天然的东西强加人工造作。就像在苏州的虎丘山、南京的凤台门一带，许多小贩将花木绑扎成鸟兽等各种形态出售，这种倒行逆施的行为未免太过暴殄天物了。

选　石

夫识石之来由，询山①之远近。石无山价，费只人工，跋蹑搜巅，崎岖挖路。便宜出水，虽遥千里何妨；日计在人，就近一肩可矣。取巧不但玲珑，只宜单点②；求坚还从古拙，堪用层堆。须先选质无纹，俟后依皴③合掇。多纹恐损，无窍当悬。古胜太湖，好事只知花石④；时遵图画，匪人⑤焉识黄山。小仿云林⑥，大宗子久⑦。块虽顽夯，峻更嶙峋，是石堪堆，便山可采。石非草木，采后复生，人重利名，近无图远。

【注释】

①询山：了解山和山石的基本情况。
②单点：单独放置欣赏。

③依皴：按照中国山水画的皴法。
④花石：奇花异石。
⑤匪人：不精通绘画艺术的人。
⑥云林：倪瓒（1301—1374），号云林子，江苏无锡人，元代画家、诗人。
⑦子久：黄公望（1269—1354），字子久，江浙行省常熟县人，元代画家。

【解读】

假山是由山石为主要材料的。因此要想叠砌出高耸、雄奇、自然的假山造型，就必须首先选择出质地、大小、形状、纹理、色泽相宜的山石。而山石的种类多如繁星，若想挑选出合适之石，就必须先深谙石性。施工者要对假山的设计做到胸有成竹，对石头的造型特点、体量材质等因素都了若指掌。计成指出选石应以便利为考虑因素。若临近可以采到合适的石材，就没有必要花费大量的人力、物力长途跋涉去寻找，这样就可以省下运输费用。但如果交通便利，也可以考虑去远处选石。除了考虑运输成本，还要考虑哪些石材适合假山的叠砌。有些石头虽然造型玲珑奇巧，

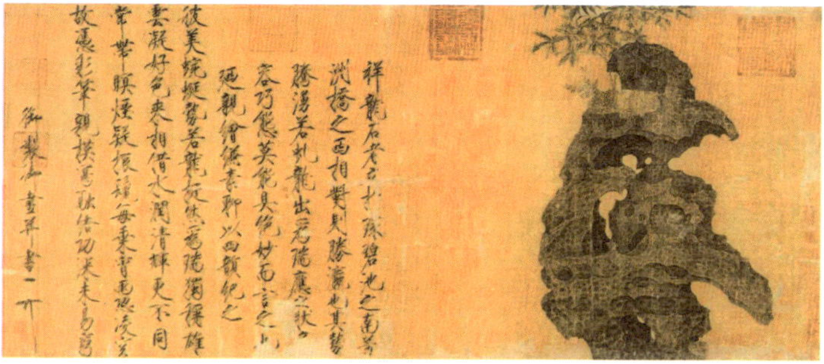

《祥龙石图卷》赵佶（北宋）

此画作者赵佶是北宋皇帝宋徽宗，他擅长书画，而且酷爱奇石。为了营建宫苑“艮岳”，他特设应奉局在江浙一带搜求奇石花木，以船只运送到东京，称为“花石纲”。

却并不适合叠砌假山。

而且在假山的建造过程中也要注意石材的挑选。比如高耸雄奇的石材较适合当作峰石，坚硬古朴的石材适合当作基石，造型完整没有孔洞的石材可用于悬挑，沟壑众多的石头可用于造影……一言以蔽之，要根据石头的不同材质、形状、色泽等因地制宜，物尽其用。像黄石这样在众人眼中的顽石，若运用得当，也能叠砌出高峻嶙峋之姿，富有浓厚的山野情趣。因此，古人有“石者，叠山之首重事也”之说。

一　太湖石

苏州府所属洞庭山，石产水涯①，惟消夏湾者为最。性坚而润，有嵌空、穿眼、宛转、险怪势。一种色白，一种色青而黑，一种微黑青。其质文理纵横，笼络起隐，于石面遍多土坳坎，盖因风浪中充激而成，谓之“弹子窝”，扣之微有声。采人携锤錾②入深水中，度奇巧取凿，贯以巨索，浮大舟，架而出之。此石以高大为贵，惟宜植立轩堂前，或点乔松奇卉下，装治假山，罗列园林广榭中，颇多伟观也。自古至今，采之已久，今尚鲜矣。

【注释】

①水涯：水边。
②锤錾：榔头和凿子，采石工具。

【解读】

故宫御花园堆秀山

堆秀山用太湖石叠成，背靠着高大的宫墙，腾空而立，十分精巧。14米高的山顶筑有御景亭，站在亭上可俯瞰宫苑，远眺景山、西苑。

太湖石是一种常见的观赏性山石，与英石、灵璧石、黄蜡石并称为中国古代四大玩石、奇石。太湖石因产出于太湖地区而古今闻名，其中又以洞庭山消夏湾的太湖石最好。太湖石分为水石和干石两种，水石是在河湖之中由风浪长期冲击而形成的；干石则是由于酸性土壤的侵蚀而形成的。这些自然的痕迹留存在石头表面就形成深深浅浅的坑洞，轻轻一敲可听闻声响。计成这里所述的太湖石多以水石为主。太湖石质地坚硬，形状各异、姿态万千，或柔和圆润，或险峻嶙峋。石面上纹路、曲线复杂多变，穴窝、孔眼、漏洞错杂其间，通过嵌空、穿眼、宛转、险怪等形态呈现出“皱、漏、瘦、透”的独特美感；

佐以白色、青黑色、微青黑色等丰富的色泽，深受人们的喜爱。人们常把太湖石布置为假山而立于轩堂之中、花木之下。由于太湖石多存于河湖之下，需要工匠潜入深水之中将石头预先凿切下来，再套上粗大的绳索，通过浮船、绞架等工具方能拖拽出水，因此太湖石中越是体积高大越是贵重。又由于太湖石开采历史悠久，且不可再生，因此现存资源愈见稀少。

二　昆山石

昆山县马鞍山，石产土中，为赤土积渍。既出土，倍费挑剔洗涤。其质磊块①，巉岩透空，无耸拔峰峦势，扣之无声。其色洁白，或植小木，或种溪荪②于奇巧处，或置器中，宜点盆景，不成大用也。

【注释】

①磊块：石块。
②溪荪：生长于潮湿环境的花卉植物，开蓝紫色花朵。

【解读】

昆山石又名“巧石”“玲珑石”，是一种珍稀的观赏性奇石，与太湖石、雨花石并称为“江苏三大名石”。昆山石因出产于江苏昆山县的马鞍山而得名。马鞍山是一座方圆三里的小山头，直接导

昆石盆景“乱云飞度”

致了昆山石的产量不可能大。昆山石以雪白晶莹、窍孔遍体、玲珑剔透为主要特征。昆山石的成分主要是白云岩（碳酸钙和碳酸镁），是距今5亿年前的寒武纪海相环境的产物。在一块昆山石上时常可以看到后期硅质溶液沿白云岩裂隙、空洞贯入形成的水晶晶簇，似雪花点缀，晶莹可爱。由于长期埋于红土之中，昆山石挖掘出来需要经过许多道工序才能洗涤出本色。只有晶莹洁白的石英晶簇才能称为“昆山石”。古代诗人赋诗“孤根立雪依琴荐，小朵生云润笔床”来形容它的美态。计成认为昆山石最适宜做盆景。我国现存最大的两块昆山石位于马鞍山麓亭林公园东侧的两个方亭内，一为“春云出岫”，一为“秋水横波”。

三　宜兴石

宜兴县张公洞、善卷寺一带山产石，便于竹林出水，有性坚，穿眼，险怪如太湖者。有一种色黑质粗而黄者，有色白而质嫩者，掇山不可悬，恐不坚也。

【解读】

宜兴石，多产于江苏省宜兴市张公洞、善卷寺一带的山中。这些地方多为喀斯特地貌，山岭、盆地间布，竹林流水之中常有怪石蕴藏于地表，这便是宜兴石了。宜兴石主要质地为石灰岩，在风、水、土壤等长期的侵蚀之中形成了瘦、透、漏、皱、怪等自然风貌，极其适合叠山造景，与太湖石有异曲同工之妙。值得注意的是，宜兴石中颜色黑中带黄的质地较为坚硬，还有一种颜色嫩白的石头较为脆软，在叠造假山时要分外注意，切不能作为悬挑，否则出现事故就大为不美了。

四　龙潭石

龙潭金陵下七十余里，沿大江，地名七星观，至山口、仓头一带，皆产石数种，有露土者，有半埋者。一种色青，质坚，透漏文理如太湖者；一种色微青，性坚，稍觉顽夯，可用起脚压泛①；一种色纹古拙，无漏，宜单点；一种色青如核桃纹，多皴法者，掇能合皴如画为妙。

【注释】

①压泛：将碎石铺盖在地基的木桩上。

【解读】

龙潭石，产于江苏省南京市栖霞区龙潭。龙潭石品种繁多，形态各异，裸露或半裸露于地表。因此，计成认为在使用过程中不可足一而论，应根据材质的不同放置在园林的适宜位置上。比如有的龙潭石形态质地与太湖石相仿；有的龙潭石却与顽石相仿，适合用作堆砌尖山的基脚或压盖基脚的桩头。形态古朴、没有孔洞的龙潭石适合单独作为点缀；有的龙潭石纹理复杂，如同核桃纹一样，就可以利用这种天然纹理叠加在假山之中形成一种绝佳的绘画效果。

五　青龙山石

金陵青龙山，大圈大孔者，全用匠作凿取，

做成峰石，只一面势者。自来俗人以此为太湖主峰，凡花石反呼为“脚石”。掇如炉瓶式，更加以劈峰①，俨如刀山剑树者，斯也。或点竹树下，不可高掇。

【注释】

①劈峰：位于主峰两边的次峰。

【解读】

青龙山石，出自江苏省南京市东南郊的青龙山。青龙石表面有凹凸不平的坑洞，并且在某种角度有山峰的形态，因此人们习惯将其作为假山的主峰来使用。但在实际使用过程中，往往本末倒置，用太湖石作为“脚石”来陪衬，使得山石人工痕迹很重，失去了天然的韵味。计成认为，青龙山石最合适的用途莫过于作为青竹的点缀，且不能堆砌得过高。

六　灵璧石

宿州灵璧县地名“磐山”，石产土中，岁久，穴深数丈。其质为赤泥渍满，土人①多以铁刃遍刮，凡三次，既露石色，即以铁丝帚或竹帚兼磁末刷治清润，扣之铿然有声，石底多有渍土不能尽者。石在土中，随其大小具体而生，或成物状，或成峰峦，巉岩透空，其眼少有宛转之势，须借斧凿，修治磨砻②，以全其美。或一两面，或三面，若四面全者，即是从土中生起，凡数百之中无一二。有得四面者，择其奇巧处镌治③，取其底平，可以顿置几案，亦可以掇小景。有一种扁朴或成云气者，悬之室中为磬，《书》所谓“泗滨浮磬”④是也。

【注释】

①土人：当地的百姓。
②磨砻：琢磨。
③镌治：雕琢、修整。
④泗滨浮磬：典故出自《尚书·禹贡》，意为泗水边上可以做磬的石头。

【解读】

灵璧石是一种出产于宿州灵璧县的观赏石，其质地主要为黑色大理石。灵璧石造型奇特、质地细腻、色泽秀丽、纹路美观，具有很高的艺术欣赏价值，居中国四大美石之首，广受人们喜爱。宋代诗人方岩有“灵璧一石天下奇，声如青铜色如玉”的佳句，清代乾隆皇帝更将其赞誉为“天下第一石”，足可见灵璧石独特的形态

苏州网师园冷泉亭内的灵璧石

和灵气。灵璧石深藏于地穴之中，若要充分展现石头的美感，就需要进行人工的清理修饰，要按照石头所形成的天然形状进行凿刻、打磨。由于灵璧石为自然形成，因此多种角度都较为完美的石头是百里挑一、可遇不可求。灵璧石除了是以其独特的审美作为观赏石之外，还有另外一妙用——制作乐器。灵璧石的音质美妙独特，制作成片状或者云峰状的石头轻轻叩击，便可发出琤琮之声，有“玉振金声”的美称，因此成为了古代制作乐器磬的最佳材料。《尚书》中所说的“泗滨浮磬”便是如此。

七　岘山石

镇江府城南大岘山一带，皆产石。小者全质，大者镌取相连处，奇怪万状。色黄，清润而坚，扣之有声。有色灰青者。石多穿眼相通，可掇假山。

【解读】

岘山石是出产于江苏省大岘山的一种石材，属于太湖石的一种。根据计成的记述，砚山石大部分颜色为黄色，也有部分呈灰褐色。其质地坚硬，形态多变，孔洞较多，敲击有声，多用于观赏，可作园林置石。在开采的过程中，体积较小的岘山石可整块取出，体积较大的则需要将其连接的山体凿断方能开采取出。

八　宣石

宣石产于宁国县所属，其色洁白，多于赤土积渍，须用刷洗，才见其质。或梅雨天瓦沟下水，冲尽土色。惟斯石应旧，逾旧逾白，俨如雪山也。一种名“马牙宣”①，可置几案。

【注释】

①马牙宣：宣石的一种，纹理好似马牙。

【解读】

宣石又称“宣城石”，是主要产于安徽省南部宣城、宁国一带山区的观赏石。宣石质地细致坚硬、性脆，颜色丰富，略有光泽，主要有白、黄、灰黑等色。宣石的主要组成为白色石英岩，因此在开采

扬州个园宣石堆砌的“冬山”（图片提供：全景正片）

出来后，需要大量工序才能将红土侵埋的痕迹清理干净，露出洁白的石质，又被人们称为“雪石”。宣石棱角分明、纹路复杂多变、色泽洁白似雪、质地如玉如糯，非常适宜制作园林山景和盆景，尤其对于雪景的营造有着别具一格的惟妙惟肖。其中有一种叫作“马牙宣”的宣石，形态格外雅致，可陈放在几案上欣赏。

九　湖口石

江州湖口，石有数种，或产水中，或产水际。一种色青，浑然成峰、峦、岩、壑，或类诸物。一种扁薄嵌空，穿眼通透，几若木版以利刃剜刻之状。石理如刷丝①，色亦微润，扣之有声。东坡称赏，目之为“壶中九华”②，有“百金归买小玲珑”之语。

【注释】

①刷丝：好像刷出来丝一样的纹理。
②壶中九华：形容石头虽小却如仙境般奇美有态。

【解读】

湖口石，又称“江州石”，是产于江西省九江市湖口县的一种石材。湖口石常发掘于河湖之中，抑或水岸之际，一般呈青黑色，纹理细密齐整，好像刷子刷出来似的。它敲击有声，因此苏东坡称之为“壶中九华”，并在《壶中九华诗》中写有“念我仇池太孤绝，百金归买小玲”来描述它。湖口县所出产的湖口石并非只有一种。其中最常见的有两种：一为薄片状，扁平而有孔洞，仿佛用刀雕刻而成的。另外一种体积较大，大自然的鬼斧神工将其雕刻出自然的山峦姿态，层峦叠嶂，怪石嶙峋，无论是沟、洞、峰、谷，还是峰、峦、岩、壑，都环环相连，惟妙惟肖，因此具有极高的观赏性，可配以底座，制成盆景。

十　英石

英州含光、真阳县之间，石产溪水中，有数种：一微青色，间有通白脉笼络；一微灰黑，一浅绿。各有峰、峦、嵌空穿眼，宛转相通。其质稍润，扣之微有声。可置几案，亦可点盆①，亦可掇小景。有一种色白，四面峰峦耸拔，多棱角，稍莹彻，而面有光，可鉴物，扣之无声。采人就水中度奇巧处凿取，只可置几案。

【注释】

①点盆：装饰盆景。

【解读】

英石，又称“英德石”，是产于广东省英德市的一种观赏性石材，被列为中国四大园林名石之一。英石的主要成分为石灰岩，由于富含金属元素，呈现出黑、青灰、灰黑、浅绿等多种色彩。根据形成原因的不同，英石分为阳石和阴石两种。阳石质地坚硬，多为青黑色，以风化为主，具有明显的“皱、瘦”等特点，是制作假山于盆景的良材。而阴石多长期深埋地下，因此形态与阳石相异，质地较为松润，形体具有“漏、透”的特点，敲击有微弱声响，特别适合放置于案上独立成景。

故宫御花园中特置的英石

十一　散兵石

“散兵”者，汉张子房①楚歌散兵处也，故名。其地在巢湖之南，其石若大若小，形状百类，浮露于山。其色青黑，有如太湖者，有古拙皴纹者，土人采而装出贩卖，维扬②好事，专买其石。有最大巧妙透漏如太湖峰，更佳者，未尝采也。

【注释】

①张子房：张良（约前250—前186），字子房，颍川城父人，秦末汉初杰出的谋士、大臣，与韩信、萧何并称为“汉初三杰”。因其初中的谋略而被后世称为“谋圣”，死后被封留侯。

②维扬：扬州的别称。

【解读】

散兵石，是出产于安徽巢湖以南的一种观赏石。相传，在秦末汉初的时候，项羽被刘邦率领的汉军围困在垓下，张良献计用楚歌击溃了楚军的意志，使得项羽穷途末路，自刎于江边。这个楚军兵败的地方即为散兵镇，而出产的石材被称为“散兵石”。散兵石的体积有大有小，形态各异，大部分都裸露于地表之上。其质地坚硬，颜色青黑，有皴纹古拙嫓美如太湖石的为佳品，常用于布置园林，叠造假山，具有极高的观赏价值。

十二　黄石

黄石是处皆产，其质坚，不入斧凿，其文古拙。如常州黄山，苏州尧峰山，镇江圌山，沿大江直至采石①之上皆产。俗人只知顽夯，而不知奇妙也。

【注释】

①采石：安徽省马鞍山市西南山麓的采石矶。

上海豫园仰山堂前的黄石大假山

【解读】

黄石资源丰富，分布较为广阔，多产于常州的黄山、苏州的尧峰山、镇江的圌（chuí）山，乃至长江直至采石矶都有出产。黄石主要成分为细砂岩，质地坚硬，颜色多为黄色，纹理古拙，棱角分明。人们认为黄石驽钝，为顽劣之石，故黄石多不受世人喜爱。计成却认为黄石所特有的苍劲雄浑独具野趣，在垒砌假山的工程之中另有妙用。

十三　旧石

世之好事，慕闻虚名，钻求旧石。某名园某峰石，某名人题咏，某代传至于今，斯真太湖石也，今废，欲待价而沽，不惜多金，售为古玩还可。又有惟闻旧石，重价买者。夫太湖石者，自古至今，好事采多，似鲜矣。如别山有未开取者，择其透漏、青骨、坚质采之，未尝亚太湖也。斯亘古露风，何为新耶？何为旧耶？凡采石惟盘驳、人工装载之费，到园殊费几何？予闻一石名“百米峰”，询之费百米①所得，故名。今欲易百米，再盘百米，复名“二百米峰”也。凡石露风则旧，搜土则新，虽有土色，未几雨露，亦成旧矣。

【注释】

①百米：一百石米。

【解读】

所谓旧石，指的是已经被人们所使用过的石材。这些石材有些被某个名人题诗咏颂过，又或者年代较为古远，亦可能是较为少见珍贵的太湖石，因为各种原因而重新出售。但计成认为，重金收购旧石，是一种附庸风雅、得不偿失的举动。其一，珍贵的石材，如太湖石，虽少，却又许多与其相似的石头可以代替。其二，旧石的再利用成本高昂。且不说采购的成本，光旧石的运输、安装、人工成本就令人咋舌了。有一块石头叫作“百米峰”，因购买花费了一百石米而得名，若运输还要花费一百石米，岂不是要叫作“二百米峰”？其三，石材的新旧并没有一个明确而又统一的标准。不管是什么样的石头，只要暴露在地表之上，经过风吹日晒都会变旧。即便是刚从地下挖出来的石头，不需几日也能变为旧石。

浙江湖州莲花庄的太湖石“莲花峰”

湖州莲花庄是元代书画家赵孟頫幼年读书的地方，园内这座莲花峰高1.2米，也为赵孟頫旧物，石上刻有“莲花峰”三个篆字，是赵孟頫亲题，字体遒劲，入木三分。

十四　锦川石

斯石宜旧。有五色①者，有纯绿者，纹如画松皮，高丈余，阔盈尺者贵，丈内者多。近宜兴有石如锦川，其纹眼嵌石子，色亦不佳。旧者纹眼嵌空，色质清润，可以花间树下，插立可观。如理假山，犹类劈峰。

【注释】

①五色：意为色彩斑斓。

【解读】

锦川石，也称“锦州石”“松皮石”，是产于辽宁省锦州市城西的一种石材。锦川石属沉积岩，石身细长如笋，上有层层纹理和斑点，以高一丈、宽一尺的为佳，愈古朴愈珍贵。锦川石最早记载于清朝范阳的《锦石赋》，他在郊游的时候无意中发现河水中有色彩斑斓的卵石，“烂然不啻绣”，即为锦川石。除了五彩颜色，锦川石还有纯绿色的，纹理好似松树皮，呈现出古朴大气的美感。大的锦川石可以作为假山，小的可以欣赏把玩。后来宜兴出产一种石材类似锦川石，但不管是颜色还是纹理都远远不及锦川石。

十五　花石纲

宋“花石纲”，河南所属，边近山东，随处便有，是运之所遗者。其石巧妙者多，缘陆路颇艰，有好事者，少取块石置园中，生色多矣。

上海豫园的玉玲珑

玉玲珑是北宋艮岳遗石，现存于上海豫园。该石四面八方洞洞通窍，若往一孔注水，则孔孔出水，若焚香于一孔，则上下孔孔冒烟，奇巧无比。

【解读】

花石纲，是在北宋时期运送奇花异石的特殊运输编组。当时宋徽宗赵佶无心政治，酷爱花石，并因此劳民伤财，特别组建了专门运输奇花异石的船只，从民间搜刮石材与花木，运往当时的都城开封。后来，人们将当年遗落在运输过程中的石材称为“花石纲”。有些花石爱好者特别收藏花石纲，用以装饰园林，为其增色。

十六　六合石子

六合县灵居岩，沙土中及水际，产玛瑙石子，颇细碎。有大如拳、纯白、五色者，有纯五色者。其温润莹彻，择纹彩斑斓取之，铺地如锦。或置涧壑急流水处，自然清目。

【解读】

六合石子，又称“雨花石”，是出产于江苏省南京市六合区的一种石材。此石主要由石英、玉髓和燧石或蛋白石混合形成，是一种天然花玛瑙。六合石子个头较小，形状多为椭圆形，石质细腻，晶莹剔透，颜色极其艳丽丰富，有纯白色夹杂五彩花纹的，也有纯五彩花纹的。这些缤纷的色彩在长久的沉淀累积下形成了各种或抽象或形象的图案和纹理，汇集了天地之灵气，自然之精华，既韵味浓厚，又意境悠远，自古以来就深得人们喜爱，被誉为“天赐国宝，中华一绝”。袁宗道的《锦石滩》一文就提到过：“或洁白如玉，或红黄透明如玛瑙，如今时所重六合石子，千钱一枚者，不可胜计。”除了具有极高的收藏价值之外，在园林设计上，计成认为六合石子色彩斑斓，如同锦缎一般细腻美丽，最适合用来铺地或者放在水中，有画龙点睛、锦上添花的神奇效果。

色彩绚丽的雨花石

十七　园圃假山

夫葺园圃假山，处处有石块，但不得其人①。欲询出石之所，到地有山，似当有石，虽不得巧妙者，随其顽夯，但有纹理可也。曾见宋杜绾《石谱》②，何处无石？予少用过石处，聊记于右，余未见者不录。

【注释】

①其人：精通缀石的人。

②《石谱》：即《云林石谱》，书成于南宋绍兴三年（1133年），作者杜绾，此书是我国第一部论石专著。

【解读】

园林假山独特的审美情趣与造景效果博得了众人的青睐，因此园林之中尽现假山。虽然爱好假山的文人雅士数不胜数，能够叠砌假山的工匠到处都有，形状精奇的石头也并不罕见，但唯独真正懂得假山审美意趣的人却少之又少。假山之根在于自然山水，假山之本在于石头。要懂得假山，就必须要学会懂得石头。计成认为，石头遍地都是，就算寻不到最为奇巧的，但只要能够合理运用，就算是顽劣之石都能找到属于自己的位置。因此，他将自己曾经在假山工程中使用过的石头一一记录了下来。

借　景

构园无格，借景有因。切要四时[1]，何关八宅[2]。林皋延竚[3]，相缘竹树萧森；城市喧卑，必择居邻闲逸。高原极望，远岫环屏，堂开淑气[4]侵人，门引春流到泽。嫣红艳紫，欣逢花里神仙；乐圣称贤[5]，足并山中宰相[6]。《闲居》曾赋[7]，“芳草”应怜；扫径护兰芽，分香幽室；卷帘邀燕子，闲剪轻风。片片飞花，丝丝眠柳。寒生料峭，高架秋千，兴适清偏，怡情丘壑。顿开尘外想，拟入画中行。林阴初出莺歌，山曲忽闻樵唱，风生林樾[8]，境入羲皇[9]。幽人[10]即韵于松寮，逸士弹琴于篁里。红衣[11]新浴，碧玉轻敲。看竹溪湾，观鱼濠上。山容霭霭，行云故落凭栏；水面鳞鳞，爽气觉来欹枕。南轩寄傲⑫，北牖虚阴。半窗碧隐蕉桐，环堵翠延萝薜。俯流玩月，坐石品泉。苎衣不耐凉新，池荷香绾；梧叶忽惊秋落，虫草鸣幽。湖平无际之浮光，山媚可餐之秀色。寓目一行白鹭，醉颜几阵丹枫。眺远高台，搔首青天⑬那可问；凭虚敞阁，举杯明月自相邀⑭。冉冉天香，悠悠桂子。但觉篱残菊晚，应探岭暖梅先。少系杖头，招携邻曲⑮。恍来临月美人，却卧雪庐高士⑯。云冥黯黯，木叶萧萧。风鸦几树夕阳，寒雁数声残月。书窗梦醒，孤影遥吟；锦幛偎红，六花呈瑞。棹兴若过剡曲⑰，扫烹果胜党家⑱。冷韵堪赓，清名可并；花殊不谢，景摘偏新。因借无由，触情俱是。

夫借景，林园之最要者也。如远借，邻借，仰借，俯借，应时而借。然物情所逗，目寄心期，似意在笔先，庶几描写之尽哉。

【注释】

①四时：四季。
②八宅：风水的一种算法，这里特指运用风水布置的住宅。
③林皋延竚：置身于水边高地的林中。

④淑气：温和之感。
⑤乐圣称贤：对饮酒者的雅称，这里意为饮酒作乐。
⑥山中宰相：引用陶弘景的典故。他是南朝著名的医药家、炼丹家、文学家，人称“山中宰相”。这里指归隐。
⑦《闲居》曾赋：即《闲居赋》，为晋朝潘岳所做，讲述其归隐田园的事情。
⑧林樾：树荫。
⑨羲皇：伏羲，这里引用陶渊明在《与子俨等疏》中“常言五六月中，北窗下卧，遇凉风暂至，自谓是羲皇上人”的诗句，形容无忧无虑的生活。
⑩幽人：指隐士。
⑪红衣：指荷花。
⑫南轩寄傲：出自陶潜《归去来兮辞》：“倚南窗以寄傲，审容膝之易安。”意思是靠在窗边，寄托傲然自得的心情。
⑬搔首青天：搔首，思考的样子。青天，语出苏轼“明月何时有，把酒问青天”之句。
⑭举杯明月自相邀：出自李白“举杯邀明月，对影成三人”之句。
⑮邻曲：邻居。
⑯雪庐高士：比喻归隐田园高尚出尘的人。
⑰剡曲：引用大书法家王徽之“乘兴而去”的典故。他居住在山阴的时候，有一次赏雪突然想念自己的挚友戴道安，于是连夜去看望他。但他早上赶到戴道安家门口的时候没有进去而原路返回，别人问他原因，他说：“我有兴致就去了。既然没兴致了自然要回来，又何必一定要见到他呢？”
⑱党家：出自“煮雪烹茶”的典故，宋代陶穀买了党太尉家的一个姬妾。煮雪烹茶的时候，他问这个姬妾，他与党太尉哪个好。姬妾回答道：“党太尉哪里懂得这些风雅乐事，不过躺在销金帐里吃肉喝酒罢了”。

【解读】

借景，即以山、水、建筑、动植物、人、自然现象等为景物，通过对于空间的巧妙运用，使其在视野范围内成为景色的组成部分，从而达到扩大景色的深度和广度、丰富景色内容、增添景色层次的目的，这是我国园林建筑最常用的构景手段之一。在修建园林的时

颐和园远借玉泉山

颐和园西部数十里以外绵延着西山群峰，稍近的玉泉山山顶有座玉峰塔，造型秀丽，浮现在群峰之间，形成著名的“玉峰塔影”景致。由颐和园的东部向西眺望，玉泉山塔和西山群峰都被借入景中，湖光山色交相辉映，整个画面主体突出，层次分明。

候，空间、时间、地理位置、周边环境等客观因素，都或多或少制约了园林的设计创作与发挥。为了摆脱客观条件所带来的局限，扬长避短，园林设计者们巧妙运用人们视野的机动性，集合园林内外的优美景色，使得园内的人们在有限的空间里能够欣赏到无限的景色。可以说，借景是园林艺术中最为巧妙的表现手法。借景的内容丰富多彩，自然风景中的山峦屏列、碧波千里、山花烂漫、长桥卧波……都可入景；饮酒宴客、吟诗松荫、弹琴竹里、渔歌唱晚，亦为点睛之笔。除了借景，还可以借声，雨打芭蕉、春燕呢喃、风吹

苏州拙政园借景北寺塔（图片提供：微图）

站在拙政园中园池东的倚虹亭前，可以远眺三里外的北寺塔景观，波光塔影，意境曼妙，是极巧妙的借景。

林动、暮鼓晨钟都可纳为飞来之笔。不仅如此，荷香幽幽、金桂飘香、暗香浮动都为园林景色增添了优美的意境。

根据计成的总结，借景的方法主要分为远借、邻借、仰借、俯借、应时而借六种。所谓远借，就是将距园子较远的景色纳入到园林景色之中，如“画栋朝飞南浦云，珠帘暮卷西山雨”，抑或“窗含西岭千秋雪，门泊东吴万里船”。邻借，指的是就近借景，如苏州拙政园有一观景点，设计者巧妙地将园外的高塔纳入到视线范围内，园中虽无塔，却依然有塔可观。仰借，即借助上空的景色，如赏那鹰击长空、青天白鹭、朦胧月色。俯借，即借助视线以下的景色，如从高处往下看百花姹紫嫣红争艳，凭栏俯瞰鱼戏莲叶。应时而借，就是根据不同时间，景色、光线、气候的变换，如踏雪、听

颐和园夕佳楼

此楼名取自陶渊明“山气日夕佳，飞鸟相与还”之句。在楼上观看落日余晖照耀群山的景色，非常美丽，堪称应时而借的范例。

雨、赏虹、观梅，等等。

计成认为，借景是“林园之最要者也”。但是，在这一篇中他却没有用大的篇幅来具体描述如何借景，只是轻描淡写，一带而过。在他看来，不管园子景色如何优美，都不能忘却其存在的本意，即人与自然的和谐，从而达到洗涤人的心灵与情操的目的。他崇尚的是王徽之的“乘兴而行”，是陶渊明的“枕石漱流”，因此有了“然物情所逗，目寄心期，似意在笔先，庶几描写之尽哉”的感叹。

自 识

崇祯甲戌岁①，予年五十有三，历尽风尘，业游已倦，少有林下风趣，逃名丘壑中，久资林园②，似与世故觉远，惟闻时事纷纷，隐心皆然，愧无买山力③，甘为桃源溪口人也。自叹生人之时也，不遇时也。武侯④三国之师，梁公⑤女王之相。古之贤豪之时也，大不遇时也！何况草野疏愚，涉身丘壑，暇著斯“冶”，欲示二儿长生、长吉，但觅梨栗⑥而已。故梓行⑦，合为世便。

【注释】

①崇祯甲戌岁：公元 1634 年。
②久资林园：从事造林事业。
③买山力：指的是归隐。
④武侯：即诸葛亮（181—234），字孔明，号卧龙，徐州琅琊阳都（今

《东庄图》册页（之一）沈周（明）

山东临沂市沂南县）人，三国时期蜀汉丞相，杰出的政治家、军事家、散文家、书法家、发明家。去世后刘禅追谥其为忠武侯，故后世常以武侯、诸葛武侯尊称。

⑤梁公：即狄仁杰（630—700），字怀英，并州太原（今山西太原）人，唐代著名政治家，去世后追赠司空、梁国公。

⑥觅梨栗：指的是孩子才十余岁，是只知道玩耍、吃零食的年纪。

⑦梓行：印刷发行。

【解读】

计成的一生，可以用艰辛坎坷来形容。他少年时期家境尚可，接受了良好的教育。从其造园以及著作中就可以看出，他熟读诗书，具有良好的文字表达能力，以及卓越的艺术审美。但家境衰落后，计成既无意于学优登仕，也没有足够的财富，因此只能靠一技之长，走南闯北，漂泊异乡。当时政坛纷乱，时局艰难，计成作为一个普通人也只能随着时代的动荡而艰难谋生。正如他自己所自嘲的：连诸葛亮、狄仁杰这样的英雄豪杰遇到这样的时势都难以实现抱负，更何况自己这样草野的闲散平民呢？最后从现实出发，无非是依靠造园这门手艺养家糊口罢了，这也是他著这本书的原因。在写这本书的时候，计成已经五十三岁了，按照古代的说法，已经到了“知天命”的岁数。但是他的儿子却还未成年，没有办法一一传授。于是计成便写下了这本书，希望给自己的孩子留下一门手艺，同时也方便其他的同业者。